食譜新煮張

李銘輝◎主編　　廖天國◎策劃

臺灣觀光學院廚藝管理系◎著

主編序

　　身為台灣廚藝教育的推動者，臺灣觀光學院從未缺席，且於近年與法國藍帶廚藝學院、美國廚藝學院共同辦理了多場國際級的廚藝課程及世界廚藝學術論壇，期待藉由校內禮聘自台灣各大飯店行政總主廚之寶貴經驗及西方廚藝之交流激盪，為台灣亦或亞洲地區的廚藝教育推向另一巔峰。

　　曾幾何時，中華美食在廿一世紀逐漸站上世界廚藝的舞臺，而且角色與地位相形重要；身位臺灣觀光學院的一員，將台灣美食與廚藝推廣的初衷不變，為餐旅產業培育訓練的方針不改，本人勉勵投身於觀光餐旅教育的每一位教育者，均需以彎腰、微笑、眼明、手快為服務的前提，謙懷若谷地學習職能專業，藉由豐富的教學內容、札實的管理訓練，為新一代的職場新兵做好準備。

　　藉此，在全校教師致力於教學與實作訓練的同時，本人鼓勵校內身懷高超技藝之廚藝教師，在教學授課之餘將所藏之絕學以不藏私的心態集結，藉由本校廚藝管理系廖天國師、廖慶和師、郭木炎師、何金源師、黃池生師、鍾國芳師、楊錦騰師、黃文龍師等之個人所長，運用花蓮自然、健康及具地方特色之食材，結合所學，發揮創意，將教學與多年業界的心血累積成冊，始有今日《食譜新煮張》一書之呈現。最後，願本書之付梓能為追求健康與美食的學習者有所貢獻。

臺灣觀光學院校長

李銘輝

2011.2.24

廖 序

　　近年來，國民經濟、生活水準提高，人口邁入高齡化，人民生活步調改變，也因工作壓力俱增因素，加上外食人口普遍，許多的烹調師提倡「健康飲食」，就是以蔬果、海鮮、五穀雜糧、豆類的飲食，符合高纖、低脂、低熱量的健康風潮，可降低罹患許多疾病的風險。搭配顏色繽紛的蔬果、鮮美多汁的海鮮，讓人吃得健康、吃得滿意，那麼，您千萬不可錯過這本「輕食食譜」。準備好了嗎？健康飲食正在向您招招手呢！

　　本「創意食譜」由臺灣觀光學院李銘輝校長特邀集本校廚藝管理系全體專業技術老師及優秀競賽得獎學生，共同編著完成此本「廚藝創意食譜」，以花東在地特有的食材，全體師生發揮獨特的烹飪技巧、食材豐富色彩，構成整個豐碩而多采的中、西餐烹飪技藝呈現給您。

　　健康飲食則是：攝取單元不飽和脂肪酸比飽和脂肪酸高比例的食物，與富含堅果、種子、豆類、魚類以及蔬果，及較低比例的肉類飲食。以蔬菜、水果、海鮮、五穀雜糧、堅果和橄欖油為主的飲食風格。

　　主要食物包括：麵包、新鮮蔬菜和豆類、穀類、水果、乳酪、橄欖油、藥草和經發酵的奶類製品等。「健康飲食法」適量攝取肉類，多吃魚類和貝類，還喝一點紅酒，健康的飲食其實充滿了色香味。全書配有詳細的食譜及精美的圖片，期望透過此書的詮釋，帶給讀者健康的輕食養生觀念與活力。

　　最後，感謝校長、廚藝系全體師生發揮團隊精神，共同完成此「廚藝創意食譜」的編撰，如有疏漏之處在所難免，期盼各師長、先進不吝指教。

謹序

臺灣觀光學院
廚藝管理系主任

2011年2月

目　錄

廖天國 8

廖慶和 22

何金源 98

養生蔬食創意盒餐比賽 110

廖天國

現任

臺灣觀光學院廚藝系助理教授級專業技術教師
兼廚藝系主任

專長

中餐烹飪、宴會菜、粵菜、客家菜、台灣料
理、日式定食、中式點心、飲茶小吃、台灣地
方小吃、中央廚房成本控制、採購倉儲與實務

主要經歷

華王大飯店顧問，溪頭米堤飯店行政主廚，高
雄晶華酒店、高雄國賓大飯店、高雄馬來西亞
餐廳主廚，高雄金龍酒店、員林香港大餐廳領
班，高雄百琪大飯店、高雄藝園花園餐廳廚師

專業證照

中餐技術士技能檢定中餐烹調乙級證照合格
中餐技術士技能檢定中餐烹調丙級證照合格
中國職業高級技能中式烹調師證書

競賽獎項

榮獲「第六屆中國烹飪世界大賽」個人賽熱菜
項目金獎
榮獲「第六屆中國烹飪世界大賽」個人賽麵點
項目金獎
世界中國烹飪聯合會中國武漢「紅口袋」中外
中餐烹飪比賽金獎
第十五屆國際技能競賽中餐烹飪全國賽第一名

菜品來源

　　研發此菜品的來源是取之於多年的烹調經驗，以及食材本身的特性、地方特色、健康飲食，來發揮創意，加上以不同食材互相搭配、組合而成。

菜品的特色

一、中餐烹飪的特點 —— 以味為核心，以養為目的

　　中餐的獨特標準，可以概括為六個字：色、形、香、味、滋（食品的質感）、養（食品的營養）。六者必須相輔相成，融會一體，使人們得到視覺、嗅覺、觸覺、味覺的綜合飲食享受。其中，又以味的享受為核心，以養的享受為目的，構成中餐烹調的特色。

　　味是中餐烹調的藝術結晶。正是它，香飄四海，風靡萬方，吸引了無數的嚮往者、追求者。對於味的追求，又不僅僅是 了味的藝術享受，還蘊含有更深層次的，對飲食養生這一目的的追求。

　　關於味與飲食養生的關係，經過反覆實驗，製作食品的工藝流程「蘊含有廣採博取，充分利用的原料優選」；「刀工精細、組配平衡的切配加工」；「講究火候、注重滋感的烹調技法」；「善於調和、追求風味的調味工藝」；「結構合理、主副分清的膳食體制」。它們都蘊含有中餐原味烹調的獨有特色。

二、原味烹調的特點

(一)優選用料

　　中餐烹飪所應用的原料，總數達萬種以上，分為；「主配料、調味料、佐助料」三大類。

(二)精細加工

　　烹飪工藝流程中有粗加工、細加工兩道工序，都各包含若干內容。中餐

烹調現行的配菜組合是合理、科學的,配菜師都能遵循早經驗證了的配菜規律製作菜餚。

(三)講究火候

　　中餐烹調善於用火,從而產生了很多的烹調法。它既適應了風味各殊的食品需要,也適應了不同養生的要求。加熱可產生蛋白質變性、澱粉糊化、多糖裂解、纖維軟化等效應,加上油與水浸潤,可使菜品形成酥、脆、柔、嫩、軟、爛、滑、粉等等不同的滋感(食品的質感),產生令人口齒舒適的觸覺效果。

(四)講求風味

　　中式料理特別講究味,既重視烹飪原料的本味,又重視調味料的賦味,更著眼於五味的調和。除了烹飪原料自身的鮮味外,還講究調製鮮味,那便是烹調師具備的製湯技術。由於製湯用料的複合,湯中的呈鮮物質也是複合的,包括穀氨酸、肌苷酸、鳥苷酸、琥珀酸等等,與其他成份交融於一湯中,湯的鮮味富於變化,而且醇厚而雋永,並有回味。

(五)合理膳食

　　中式料理選擇了以植物性原料為主體的膳食結構,即「五穀為養,五果為助,五畜為益,五菜為充」,植物性原料佔其三。「畜」即葷食的作用僅在於「益」,古訓「肉雖多,不使勝食氣」。這個膳食結構模式使我們避免或減少了眾多「文明病」的困擾。

健康飲食與擁有健康的人生

　　烹飪是一門藝術,是視覺、嗅覺、觸覺、味覺綜合的藝術。烹調藝術師是它的創造者,運用烹調工藝,按照人們對飲食美的追求的規律。中華民族善於知味、辨味、用味、造味,中餐烹飪便產生了數不清的味道,也因此,中餐烹飪的味,雖然處在多變的狀態之中,但最終卻是離不開天然的原味。吃盡了山珍海味,還是原味最美也最健康。

中餐烹飪是文化、是科學、是藝術

中餐烹飪的科學蘊涵是客觀存在，是肯定的。例如中餐烹飪中的味與養生的有機統一，早在兩千年以前已經有了相當深刻的認識；一方面，講究調和五味，追求美食，「五味之美，不可勝極」；一方面，指出「五味令人口爽」，貪享「厚味」、「至味」危害健康，主張「飲食有節」、「不多食」；同時，也指出五味所合、五味所宜、五味所傷、五味所禁等等……五味之間的辨證、變化及其與人體健康的關係。

數據表明，作為美食的中式菜餚，營養與色、形、香、味、滋都是好的。這對中餐烹飪的以「味為核心、以養為目的」的特點，作出了科學的註解。

玉葵蔬寶扇

材料

✦ 青江菜300克 ✦ 鮑魚菇150克 ✦ 紅蘿蔔300克 ✦ 綠竹筍200克 ✦ 洋菇100克
✦ 乾香菇10克花 ✦ 青花菜15克 ✦ 紅辣椒1/2條

調味料

✦ 鹽2克 ✦ 蠔油5克 ✦ 糖2克 ✦ 香油3克 ✦ 太白粉3克

做法

❶ 青江菜頭修齊，切約4公分長段，汆燙熟備用。

❷ 鮑魚菇洗淨，汆燙熟冷卻，修邊後片成約3.5公分長、0.2公分厚斜片備用。

❸ 綠竹筍與紅蘿蔔切修成長塊，刻鋸齒狀後切成4公分長片，汆燙熟備用。

❹ 洋菇切厚斜片，汆燙熟備用。

❺ 乾香菇泡軟，加少許鹽蒸熟，取出半朵切細絲不切斷，當做扇穗，其餘切斜片備用。

❻ 青花菜修成圓型燙熟備用。

❼ 紅辣椒切細絲，燙熟備用。

❽ 取10吋大圓盤，將以上材料按照順序排列成扇形八層，用紅蘿蔔蓋邊點綴，放上香菇扇穗，放入蒸籠蒸5分鐘取出。

❾ 起鍋加入1杯滾水，放入調味料，芶芡後淋上即可。

材　料

✦ 大番茄（1個） 150克 ✦ 絞五花肉50克 ✦ 雞蛋液20克 ✦ 九層塔15克 ✦ 蔥5克
✦ 薑3克 ✦ 青花菜30克 ✦ 細海苔絲3克

調味料

A. 米酒3克 ✦ 鹽2克 ✦ 糖5克 ✦ 雞粉2克 ✦ 香油5克 ✦ 白胡椒粉2克 ✦ 太白粉5克
B. 番茄醬10克 ✦ 鹽2克 ✦ 糖5克 ✦ 雞粉2克 ✦ 香油5克 ✦ 白胡椒粉2克 ✦ 太白粉5克

麵糊

✦ 低筋麵粉30克 ✦ 沙拉油10克 ✦ 泡打粉5克

做　法

❶ 大番茄片成約0.5公分的厚片，挖去籽留2片，其餘拿去烤乾備用。

❷ 薑切細末、蔥切蔥花，絞五花肉加入調味料A後一起攪拌均勻製成餡料。

❸ 將切下的番茄頭、尾再切成細粒，取少許九層塔切成細末備用。

❹ 將番茄片擦乾水份，灑上少許乾太白粉，鋪上肉餡後再蓋上另一片番茄壓實。

❺ 蛋汁加入少許麵粉拌勻，將茄餅沾裹蛋糊入鍋煎熟，至呈兩面金黃色後起鍋裝盤。

❻ 九層塔沾裹麵糊炸酥，青花菜燙熟加少許鹽拌勻，再將烤乾的番茄乾一起排盤組合點綴。

❼ 番茄細粒加入調味料B煮調成醬汁，再加入九層塔細末拌勻，淋在茄餅周圍點綴，再將細海苔絲灑在茄餅上即成。

香煎鮮茄餅

錦繡香芋盞

材料

✦ 芋頭150克 ✦ 雞蛋白2個 ✦ 鮮奶80克 ✦ 蟹腿肉20克 ✦ 魚肉20克 ✦ 鮮干貝20克 ✦ 蔥5克 ✦ 干貝5克 ✦ 松子5克 ✦ 青花菜30克 ✦ 蘆筍1根 ✦ 高麗菜1片 ✦ 絞肉50克 ✦ 韭菜5克 ✦ 紅、黃甜椒各10克 ✦ 生香菇1朵 ✦ 甜豆2個

調味料

A. 澄粉20克 ✦ 滾水20克 ✦ 豬油10克 ✦ 鹽1克 ✦ 雞粉1克 ✦ 糖1克
B. 米酒5克 ✦ 鹽1克 ✦ 雞粉1克 ✦ 香油1克 ✦ 太白粉2克
C. 米酒5克 ✦ 鹽1克 ✦ 雞粉1克 ✦ 香油1克 ✦ 玉米粉6克

做法

❶ 芋頭去皮蒸熟，打成泥狀，澄粉加入滾水燙熟再加入調味料A拌勻，炸成盞型。

❷ 高麗菜、韭菜用滾水汆燙熟，紅甜椒、黃甜椒切片燙熟，絞肉加調味料B拌勻，用高麗菜葉包捲成圓筒狀，蓋上紅、黃甜椒片，用韭菜綁蝴蝶結蒸熟取出，原汁芶芡備用。

❸ 干貝、松子炸酥，甜豆、生香菇刻花與青花菜燙熟加少許鹽拌勻。

❹ 蟹腿肉、魚肉、鮮干貝全切厚指甲片汆燙，蔥切小片，與調味料C全加至鮮奶中拌勻，熱鍋少許油將以上材料倒入，小火慢炒至熟，凝固後裝至炸好的芋盞中，灑上炸干貝、松子。

❺ 將以上所有材料組合點綴裝飾，淋芡汁即可。

材　料

✦ 鮮鮭魚肉80克 ✦ 鱈魚肉150克 ✦ 小黃瓜（直）1條 ✦ 大乾香菇1朵
✦ 蝦仁100克 ✦ 蔥10克 ✦ 薑5克 ✦ 雞蛋1個 ✦ 冷凍青豆仁30克 ✦ 南瓜50克
✦ 紅蘿蔔30克 ✦ 鮮奶50克 ✦ 青花菜30克

調味料

A.米酒10克 ✦ 鹽0.5克 ✦ 雞粉0.5克 ✦ 香油3克 ✦ 太白粉10克 ✦ 蛋白10克
B.米酒5克 ✦ 鹽0.5克 ✦ 雞粉0.5克 ✦ 香油3克 ✦ 太白粉10克
C.米酒5克 ✦ 鹽2克

高湯材料

✦ 雞骨120克 ✦ 薑10克 ✦ 洋蔥20克 ✦ 芹菜10克 ✦ 水300CC

做　法

將湯底料加水熬煮1小時，過濾後加調味料C做成醬汁。

鮭魚肉切3公分寬長片、鱈魚肉切6公分寬長片，加蔥、薑、調味料A醃漬備用。

乾香菇泡軟切長條狀燙熟，青花菜切小朵，小黃瓜切長條片燙熟待用。

蝦仁洗淨剁泥加調味料B拌勻，用鱈魚肉片捲成長筒狀，再捲上鮭魚片，入蒸籠蒸4分鐘取出，捲上黃瓜片及香菇條，再蒸1分鐘。

青豆仁、南瓜、紅蘿蔔分別蒸熟，加高湯打成泥狀，與鮮奶分別用少許太白粉芶芡煮成芡汁，在盤中淋成彩虹狀，魚捲排在前面，青花菜點綴即可。

彩虹鮮魚卷

蘭陽粉腸

材料

✦豬小腸一付 ✦紅地瓜粉400克 ✦地瓜粉200克 ✦瘦絞肉300克 ✦蝦米20克
✦蔥50克 ✦青蒜75克 ✦香菜15克 ✦蒜頭20克 ✦中番茄1/2個

調味料

A. 米酒20克 ✦ 鹽10克 ✦ 醬油50克 ✦ 雞粉10克 ✦ 胡椒粉5克
B. 鹽2克 ✦ 醬油30克 ✦ 雞粉5克 ✦ 胡椒粉5克 ✦ 五香粉10克 ✦ 香油10克
沾料： ✦甜辣醬20克 ✦海山醬20克 ✦醬油膏20克 ✦蒜末10克 ✦香油10克

做法

❶ 豬腸洗淨備用；將地瓜粉、水2000cc及調味料A調勻成為粉漿備用。

❷ 將青蒜切片、香菜切小段、番茄切塊取皮備用。

❸ 青蔥切粗粒、蝦米切細粒備用。

❹ 熱鍋炒香蝦米、絞肉，放入調味料B炒拌均勻後，與青蔥粗粒一起倒入做法❶的粉漿中攪拌均勻。

❺ 用棉線把豬腸的一頭綁起，灌入粉漿約7~8分滿，再將另一頭綁好，陸續將所有腸子灌好。

❻ 燒好一鍋熱水，將粉腸頭尾捉住放入鍋中來回汆燙，再取出整型，如此動作重複3次，再入鍋中小火煮約20分鐘即可撈起，待涼切塊，用青蒜、香菜、番茄皮圍邊裝飾點綴。

❼ 沾料全部混合均勻做沾醬，粉腸即可搭配沾醬食用。

材　料 🦐

✦ 細絞肉75克 ✦ 大白蘿蔔（圓形厚2公分）150克 ✦ 青江菜2顆 ✦ 紅蘿蔔20克
✦ 山藥（紫）20克 ✦ 蔥10克 ✦ 珊瑚菇20克 ✦ 柳松菇20克 ✦ 薑2克
✦ 中桃太郎番茄1個

調味料 🥄

✦ 米酒20克 ✦ 鹽2克 ✦ 糖5克 ✦ 雞粉2克 ✦ 香油10克 ✦ 蠔油30克 ✦ 太白粉15克

高湯材料

✦ 雞骨150克 ✦ 薑10克 ✦ 洋蔥20克 ✦ 芹菜10克 ✦ 香菜10克 ✦ 水500CC

做　法 ▬▬▬

❶ 將高湯材料加水熬煮1小時，過濾後加蠔油及太白粉水勾芡做成醬汁。

❷ 白蘿蔔燙軟後去皮，用刀片成0.2公分厚的長條片，心留著待用，擦乾水份
　洒上乾粉備用。

❸ 山藥、紅蘿蔔、白蘿蔔心切成2公分長圓條狀燙熟沾太白粉待用。

❹ 蔥切細粒，薑切細末，加至細絞肉中，加鹽、胡椒、太白粉一起拌勻製成餡
　料，抹在備好的蘿蔔片上，最前端放做法❸的材料，再捲起成車輪狀。

❺ 青江菜修頭尾成菜心狀，山蘇、柳松菇、珊瑚菇全汆燙熟，番茄汆燙撕去外
　皮加鹽調味待用。

❻ 地瓜切長條沾太白粉炸酥備用。

❼ 將做法❹的白玉卷入熱鍋煎熟呈金黃色後裝盤，與所有備好配料組合排好
　後，淋上做法❶醬汁即成。

繽紛白玉卷

迷迭香海鮮卷

材料

✦大厚花枝肉150克 ✦小蝦仁75克 ✦豬膘油75克 ✦韭菜75克 ✦蔥20克
✦香菜15克 ✦芹菜20克 ✦荸薺30克 ✦機製豆腐皮3張 ✦迷迭香30克

調味料

✦米酒5克 ✦鹽3克 ✦糖10克 ✦胡椒粉5克 ✦雞粉5克 ✦香油5克 ✦太白粉15克

麵糊

低筋麵粉15克 ✦水20克

做法

❶ 花枝肉、豬膘油分別剁成細末，小蝦仁切粗粒備用。蔥、荸薺、韭菜、芹菜、香菜、鼠尾草30克分別切成細粒備用。

❷ 取一大盆將花枝末、蝦仁粒攪拌，摔打至起膠質後，加入豬膘油末與調味料（香油除外）再攪拌，摔打至起膠質，再加入香油及做法❶切成粒狀材料攪拌均勻，放入冰箱冷藏。

❸ 機製豆腐皮1張直切成3張。麵粉加水調成麵糊備用。

❹ 切好豆腐皮攤開，將少許餡料置於前端往外捲起，用麵糊封口。

❺ 備油約2~3分熱，將捲好成品放入，慢火炸至浮起，再開大火炸至金黃色撈起，油瀝乾排盤，剩餘迷迭香點綴即可。

材料 🐟

✦ 冬瓜（6×10公分）1塊 ✦ 蝦仁80克 ✦ 肥肉20克 ✦ 芹菜20克
✦ 黑芥藍菜（中）3顆 ✦ 碎干貝5克 ✦ 金華火腿（4公分長片×2）30克
✦ 桃太郎番茄1/2個 ✦ 柳松菇10克

調味料 🥄

A. 米酒5克 ✦ 鹽1克 ✦ 糖1克 ✦ 雞粉1克 ✦ 香油3克 ✦ 蠔油5克 ✦ 太白粉10克
B. 米酒5克 ✦ 鹽1克 ✦ 雞粉1克 ✦ 香油3克 ✦ 太白粉10克
C. 鹽1克 ✦ 雞粉1克 ✦ 香油3克

麵糊

✦ 低筋麵粉30克 ✦ 沙拉油10克 ✦ 泡打粉5克 ✦ 水25克

高湯材料

✦ 雞骨100克 ✦ 薑10克 ✦ 洋蔥20克 ✦ 芹菜10克 ✦ 紅蘿蔔20克 ✦ 香菜10克 ✦ 水300CC

做法 🔪

❶ 將高湯材料加水熬煮1小時，過濾後加蠔油及太白粉水勾芡做成醬汁。

❷ 冬瓜去皮後，片成6×10公分的薄片2片，加少許的鹽醃軟備用。金華火腿加10
公克的糖在上面蒸20分鐘待用。桃太郎番茄汆燙後撕去外皮待用。

❸ 碎干貝蒸軟，拆絲後炸酥待用。

❹ 蝦仁洗淨，將水份吸乾拍扁，與肥肉剁成蝦泥，加調味料B攪拌摔打成蝦漿。

❺ 冬瓜片擦乾水份，放入蝦漿、火腿捲成圓筒狀，火腿在上，入蒸籠蒸6分鐘。

❻ 柳松菇、黑芥藍菜修飾汆燙後加調味C拌勻，與番茄排邊點綴。

❼ 將蒸熟白玉卷裝盤，擺飾好淋上醬汁，再灑上干貝酥即可。

金華白玉卷

雙色蔬菜卷

材　料

✦ 高麗菜（整片）100克 ✦ 菠菜100克 ✦ 紫山藥（長條）30克
✦ 日本白山藥（長條）30克 ✦ 紅蘿蔔（長條）30克
✦ 中番茄1/2個 ✦ 中蘋果1/2個

調味料

✦ 民生壺底油20克 ✦ 客家金桔醬15克

做　法

❶ 高麗菜、菠菜洗淨，整顆放入滾水中燙熟後取出泡冰礦泉水，再濾乾水備用。
❷ 紫山藥、白山藥、紅蘿蔔切如筷頭粗長條燙熟備用。
❸ 取壽司簾將高麗菜鋪底，上面鋪菠菜，再鋪上紫山藥、白山藥捲緊後，切斜長段排盤。
❹ 客家金桔醬加民生壺底油倒入小碟中成為沾醬。
❺ 番茄及蘋果刻花放在蔬菜卷旁點綴。

材　料
+ 大全雞腿1隻 + 蒜頭30克 + 小黃瓜1條 + 芋頭30克 + 番茄1/2個
薑5克 + 乾香菇1朵

調味料
A. 小米酒50克 + 糖5克 + 雞粉2克 + 香油10克 + 醬油30克 + 蠔油30克
B. 鹽1克 + 糖2克 + 白醋2克 + 香油2克
炸粉：麵粉10克 + 鹽1克 + 沙拉油5克

做　法
❶ 小黃瓜切如棋子型狀，蒜頭1顆拍扁，一起加入調味料B醃漬備用。
❷ 雞腿去骨，蒜頭、薑拍扁加調味料A一起醃漬20分鐘後，用小火燜煮至熟軟。
❸ 蒜頭取8顆炸成金黃蒜頭，乾香菇泡軟刻星星花紋沾太白粉炸酥備用。
❹ 芋頭切粗絲加入炸粉拌勻做成扇形炸酥備用。
❺ 番茄切塊，與做法❶、做法❹配料及巴西利搭配組合做成盤飾。
❻ 將煮熟之雞腿取出切厚片排盤，原汁過濾勾薄茨淋上，再灑上炸蒜頭即可。

蒜燜全雞腿

廖慶和

現任
臺灣觀光學院廚藝系副教授

學術專長
西餐烹調、中央廚房及空廚實務

專業經歷
墾丁歐克度假山莊行政主廚、臺東知本老爺大酒店行政主廚、高雄華王大飯店行政主廚、臺北圓山大飯店行政副主廚、臺北環亞大飯店中央廚房主廚、臺北亞都大飯店西廚房一廚、台北希爾頓大飯店西廚廚師

專業證照
中華民國技術士證書西餐烹調丙級
中華民國技術士證書中餐烹調丙級

榮獲獎項
2009東方美食國際大獎賽金牌
2008迎奧運海峽兩岸暨國際美食藝術大賽——團體特金
2008迎奧運海峽兩岸暨國際美食藝術大賽——西式熱菜特金
2007海峽兩岸邀請賽——金牌／銅牌
2006國際食神爭霸賽——麵點特金
2006東岳泰山藥膳杯——冷菜金牌
2006東岳泰山藥膳杯——熱菜金牌
2006東岳泰山藥膳杯——藥膳養身宴金牌
2005香港國際美食展廚藝精湛、表現優異——臺中市政府獎

歐式烹飪料理美食

　　歐風料理烹飪，食材著重於葡萄酒、乳酪、香料、家禽、牛肉、海鮮，溫火調理，原味香氣呈現。法式烹飪著重葡萄酒醬汁，堅果類溫火烘焙壓碎，慢火濃縮帶入果香含有濃郁香味，鮮果調理添加桔皮酒及水果香料酒熬煮入味，做成點心，派皮類及法式小茶點，不同於美式點心較多用罐頭類水果製品，歐式點心著重用鮮果加入葡萄酒調理，再細工打成果泥、分割不同顏色的層次，創造出多樣化甜品。法式和美式的不同，在於法式前菜、餐前開胃酒、湯類，用主食前會有一道較為酸性的檸檬雪碧或酒香製成的清口小品，促進食慾感覺。

　　生鮮蔬果結合橄欖油、醃製蒜頭香料拌合成生鮮沙拉，乾堅果類及烘烤過的全麥麵包，法國麵包等創新多樣化沙拉。

　　主食類調理著重原味燒烤或高湯烹煮，配合洋芋等麵食類及蔬菜，法式比較偏重菇類調理，尤其是法國田螺及貝類海鮮運用菇的原味會做出多樣的焗烤等美食。

佛羅倫斯雞卷

材 料

✦ 雞胸肉180克 ✦ 迷迭香1支 ✦ 蘿蔓生菜30克 ✦ 青蘆筍60克 ✦ 洋芋80克
✦ 黑菌片少許 ✦ 柳松菇30克

調味料

✦ 鹽適量 ✦ 白胡椒適量 ✦ 白葡萄酒50ml ✦ 奶油30克

做 法

1. 將雞胸肉拍成片狀，加鹽、白胡椒及迷迭香，用白葡萄酒醃漬入味。
2. 將洋芋切薄片，煎成金黃色；青蘆筍汆燙至熟備用。
3. 將柳松菇、黑菌片捲入雞肉片內，用奶油煎熟，切段後放入盤中。
4. 將煎洋芋片、蘿蔓生菜、青蘆筍擺入盤中成為配菜，將煎雞肉卷剩下的醬汁淋在雞肉卷上即可。

材料
✦ 鮮貝70克 ✦ 鮮蝦仁60克 ✦ 西洋梨1粒 ✦ 青蘆筍1支 ✦ 黃皮地瓜40克 ✦ 紫生菜30克

調味料
✦ 洋蔥碎10克 ✦ 奶油5克 ✦ 白葡萄酒30克 ✦ 蒜末5克 ✦ 白酒醋8克

做法
❶ 地瓜去皮切片炸成金黃色。
❷ 青蘆筍汆燙備用。
❸ 西洋梨切薄片,與紫生菜、青蘆筍一起加白酒醋拌勻後放在盤中一側備用。
❺ 將洋蔥碎、蒜末用奶油炒香,加入白葡萄酒炒香,再加入鮮貝及蝦仁炒熟,
　 盛入盤中,並將醬汁淋上。

地中海白酒雙鮮

材　料

✦ 菲力牛排150克 ✦ 青花椰菜35克 ✦ 洋芋60克 ✦ 迷迭香1支 ✦ 蛋黃2個

調味料

✦ 芥茉醬5克 ✦ 義大利老醋5克 ✦ 紅珠椒粒1克 ✦ 奶油20克 ✦ 鮮奶油40克
✦ 橄欖油10克 ✦ 鹽少許

做　法

① 洋芋去皮、切塊，用水煮熟，打成洋芋泥。將洋芋泥分成兩份，一份加入蛋黃、奶油，一份加入鮮奶油調味，成為黃色及白色兩種顏色洋芋泥。

② 將青花椰菜切小丁煮熟加少許鹽調味備用。

③ 將菲力牛排加少許鹽及迷迭香碎調味，用橄欖油以溫火煎至六分熟，切成三片。

④ 取一圓形中空模型，先放入黃色洋芋泥，再放入青花椰菜，再放入白色洋芋泥，取出模型，上放菲力牛排及迷迭香料。

⑤ 將橄欖油調芥茉醬及少許的義大利老醋做成醬汁，淋在牛排上及盤中，再灑上紅珠椒粒裝飾。

杏片炸比目魚佐酸辣醬

材 料

✦比目魚120克 ✦杏仁片20克 ✦雞蛋1個 ✦麵粉30克 ✦洋蔥5克 ✦紫生菜15克
✦綠生菜15克 ✦草莓1粒 ✦西洋芹碎2克

調味料

✦泰式酸辣醬40克 ✦白胡椒適量 ✦鹽適量

做 法

❶ 比目魚切片調味,沾麵粉、蛋汁,再沾杏仁片,用油以180℃油溫炸至金黃上色。

❷ 將洋蔥、紫生菜、綠生菜切絲,草莓切片,做成配菜沙拉。

❸ 將比目魚片及配菜沙拉放入盤中,淋上泰式酸辣醬做為沾醬,灑上西洋芹碎裝飾。

材　料

+ 菲洛酥皮1張 + 蘋果30克 + 葡萄30克 + 奇異果30克 + 橙酒5克 + 肉桂粉適量
+ 薄荷葉1片

調味料

+ 奶油5克 + 果糖30克 + 芒果醬40克 + 薄荷醬40克

做　法

① 菲洛酥皮刷上奶油。

② 蘋果、奇異果、葡萄切丁，調入肉桂粉。

③ 將水果粒包入菲洛酥皮內，捲成條狀或包成袋狀，放入烤箱，用180℃烤約 6分鐘。

④ 芒果醬及薄荷醬分別調入橙酒及果糖，用溫火煮1分鐘入味，成為雙口味醬 汁。

⑤ 將水果卷放入盤中，淋上雙色醬汁即可。

菲洛酥皮水果卷佐芒果薄荷醬

松子鱈魚佐黑櫻桃芒果醬

材　料 🎺
✦ 鱈魚肉150克 ✦ 洋蔥20克 ✦ 松子15克

調味料 🥄
✦ 白胡椒適量 ✦ 鹽適量 ✦ 白葡萄酒70克 ✦ 芒果醬30克 ✦ 奶油2克 ✦ 黑櫻桃60克

做　法 ▰▰
① 將鱈魚切片，加鹽、白胡椒及葡萄酒調味。
② 洋蔥切碎，松子壓碎，用奶油炒香備用。
③ 芒果醬加少許白葡萄酒調成芒果醬汁。
④ 黑櫻桃用果汁機打成汁，加入少許奶油做成黑櫻桃醬汁。
⑤ 將鱈魚用奶油以溫火煎熟，放入盤中，灑上炒香的松子，淋上兩種醬汁即可。

法式酥皮野菇湯

材　料

✦ 柳松菇30克 ✦ 洋菇30克 ✦ 洋蔥15克 ✦ 起酥皮1片 ✦ 白芝麻1克 ✦ 開心果5克
✦ 蛋黃1粒 ✦ 香芹菜末少許

調味料

✦ 奶油5克 ✦ 鮮奶油60克 ✦ 雞高湯4碗

做　法

① 將洋蔥切碎用奶油炒香，再加入柳松菇及切片的洋菇略炒，加入雞高湯煮20
分鐘，再用果菜機打成汁。

② 倒入鍋中，加入鮮奶油再煮5分鐘左右，再加入少許香芹末。

③ 將湯盛入湯碗內，湯碗上再加上一片起酥皮，將碗口蓋起來，最後在酥皮上
刷上蛋黃液，灑上白芝麻、切碎的開心果。

④ 將湯碗放入烤箱，以180℃約烤約8分鐘，至起酥皮呈現金黃色即可。

材　料

✦ 洋梨1/2顆 ✦ 砂糖1克 ✦ 明蝦1尾 ✦ 蛤蠣6粒 ✦ 蘋果40克 ✦ 洋蔥5克 ✦ 羅曼生菜1片

調味料

✦ 紅酒150克 ✦ 原味優格40克 ✦ 奶油5克

做　法

1 蛤蠣先用熱水汆燙至蛤蠣張口，取蛤蠣肉備用。明蝦去頭尾及殼，切成小丁備用。蘋果切丁、洋蔥切碎備用。

2 洋梨去皮切半，挖掉中間果核部分，加紅酒、砂糖及少許水，用溫火悶煮入味。

3 用奶油爆香洋蔥碎，再放入明蝦肉及蛤蠣肉略炒過，再加入蘋果丁及優格醬，調合成海鮮優格。

4 將洋梨放入盤中，再將海鮮優格放入煮好的洋梨盅內，用羅曼葉裝飾，淋上煮洋梨剩下的紅酒醬汁即可。

紅酒洋梨佐海鮮優格

茴香鮭魚卷佐白酒藍莓醬

材 料

✦ 鮭魚70克 ✦ 板條1片 ✦ 節瓜30克 ✦ 南瓜30克 ✦ 藍莓醬50克 ✦ 鮭魚卵3克
✦ 柳松菇30克

調味料

✦ 白胡椒適量 ✦ 鹽適量 ✦ 茴香1支 ✦ 白葡萄酒2克 ✦ 奶油2克

做 法

❶ 鮭魚切塊，用白胡椒及鹽調味，放入切碎茴香、白葡萄酒醃漬入味，用油煎至上色。

❷ 節瓜及南瓜切成橄欖形，水煮至熟，柳松菇汆燙過水加少許鹽調味。

❸ 將鮭魚塊捲入板條中做成鮭魚卷，加少許奶油後進烤箱以180℃烤約15分鐘，切塊備用。

❹ 藍莓醬加少許奶油、葡萄酒，以溫火煮成調味醬汁。

❺ 將節瓜、南瓜及柳松菇等配菜放入盤中，再放入鮭魚卷，鮭魚卷上放鮭魚卵，最後淋上調味醬汁即可。

碳烤鮭魚佐法式茴香芥茉

材　料

✦鮭魚肉150克✦綠節瓜40克✦西洋梨30克✦茴香1支

調味料

✦白胡椒適量✦鹽適量✦法式芥茉醬10克✦白葡萄酒30克✦奶油5克
✦義大利綜合香料2克

做　法

❶ 鮭魚肉切塊，加白胡椒、鹽及義大利綜合香料，用炭火烤約10分鐘上色入
味。

❷ 節瓜切片，西洋梨去皮煮熟調味。

❸ 茴香切碎，用奶油炒香入味，加入芥茉醬、白葡萄酒做成醬汁。

❹ 將烤好的鮭魚肉放入盤中，旁邊加上節瓜片及西洋梨，在鮭魚肉旁淋上醬汁
即可。

鍾國芳

現任
臺灣觀光學院廚藝系助理教授級專業技術教師

學歷
大仁科技大學餐旅管理系

學術專長
西餐烹調、烘焙食品、調酒及吧台管理

專業經歷
北京長安俱樂部餐飲部總監
高雄中山工商職業學校餐飲管理科技術教師
台南環華企業家聯誼會西餐主廚
台北虹頂商務聯誼會行政主廚
高雄環球經貿聯誼會行政主廚
台北環球金融聯誼會領班
台北醍居西餐廳調酒師
台大校友聯誼會餐飲部副主任
高雄大仁科技大學西餐烹飪兼課教師
台南致遠管理學院西餐烹飪兼課教師
高雄三信家商西餐烹飪兼課教師
印度加各答華都飯店中餐廚師

專業證照
中華民國技術士證書西餐烹調丙級
中華民國技術士證書中餐烹調乙級
中華民國技術士證書中餐烹調丙級

創意來源和菜的特色

　　創意和菜的特色是永遠不變的話題，飲食文化所涵蓋的非常廣泛，從族群所生活的自然與生態環境，飲食材料來源，烹調的方法與技術，及餐桌禮儀等，在傳統文化中最廣泛、最深厚且最具代表性的可以說是飲食文化，西方飲食文化遠超出單純的飲食範疇，它是民族風俗及社會倫理的結合體。以西方飲食文化來說，我們可以列舉出許多代表西方族群特色的食物，但每一種食物的呈現也都蘊藏著許多西方族群生長環境的差異、界限或共通性，且在探討食物所傳遞的文化價值，也藉此了解西方族群社會生活、飲食文化的創意演變與特色。

　　日本料理生魚片是切成厚片的生魚或生海鮮。許多不同種類的新鮮的魚和海鮮，用醬油和山葵（Wasabi）做為佐料原料。檸汁醃鯛魚生魚片是切成薄片，用新鮮的檸檬汁、洋蔥碎、甜椒碎、鮮番茄及黑胡椒碎作為醃料。

　　碳烤鮮貝也許到處都可吃到，但是要有特色比較難，從鮮貝的選擇到醬汁的搭配都是讓廚師煩惱的一件事。用來搭配鮮嫩的鮮貝一定要有微酸的醬汁，黑香醋的原料是白葡萄，擠壓成汁後儲存在木質醋桶裡，等它蒸發之後再從大的醋桶漸層換到小的醋桶，根據木質的不同，蒸發後的醋也會帶有不同的芳香，跟葡萄酒不同的是，醋桶必須儲藏在房子的最頂樓，這與溫度有關。越陳年的醋當然價位越高，用它濃縮後搭配鮮貝，簡直就是人間美味。

　　酪梨又叫鱷梨、牛油果、奶油果鱷梨，原產於加勒比海、墨西哥、南美洲和中美洲，長相呈梨形、蛋形或球形。酪梨去皮去子後切成扇形，搭配酸果（是指柳丁、葡萄柚及檸檬）及煙燻鴨胸肉片，會有軟硬兼施的口感。

　　另外西方常見的湯有乳酪餛飩犢牛清湯、蘆筍鮮蝦犢牛清湯、松子奶油南瓜湯，主食則有香酥洋芋大明蝦、蘿勒油香烤鱸魚、香辣烤春雞、蘇黎世犢牛肉片等琳瑯滿目，填滿西方人的生活。

檸汁醃鯛魚

材　料

✦ 橄欖油5CC ✦ 鯛魚1片 ✦ 檸檬汁15CC ✦ 洋蔥10公克 ✦ 青椒20公克
✦ 黃甜椒20公克 ✦ 番茄30公克

調味料

✦ 黑胡椒2公克 ✦ 鹽1公克

做　法

❶ 將洋蔥、青椒、黃甜椒、番茄及黑胡椒分別切碎備用。
❷ 將餐盤刷上橄欖油，將鯛魚切薄片排入餐盤上。
❸ 在鯛魚片上淋上檸檬汁。
❹ 再灑上洋蔥碎、青椒碎、黃甜椒碎、番茄碎及黑胡椒碎即可。

材　料

✦ 橄欖油5CC ✦ 鮮貝10個 ✦ 蘿拉萵苣15公克 ✦ 紫萵苣15公克
✦ 黃鬚萵苣（菊苣）15公克 ✦ 廣東葉15公克

調味料

✦ 鹽適量 ✦ 黑胡椒碎適量 ✦ 黑香醋10CC

做　法

❶ 將鮮貝、鹽、黑胡椒碎及橄欖油拌勻，放置於預熱的鐵烤爐烤至上色變熟。

❷ 烤好的鮮貝放入盤子的周邊，旁邊滴上黑香醋。

❸ 中間放入四種綜合萵苣葉即完成。

黑香醋碳烤鮮貝

酪梨煙燻鴨胸肉

材料

+ 燻鴨胸1個 ✦ 酪梨1個 ✦ 柳丁1個 ✦ 葡萄柚1個 ✦ 檸檬半個 ✦ 廣東葉20公克
+ 蘿拉萵苣20公克 ✦ 紫萵苣20公克 ✦ 黃鬚萵苣（菊苣）20公克 ✦ 番茄丁15公克

調味料

+ 美乃茲50公克 ✦ 檸檬汁10CC ✦ 蜂蜜15CC ✦ 黑胡椒碎1公克 ✦ 香芹5公克
+ 橄欖油15cc

做法

1. 將美乃茲、檸檬汁、蜂蜜及黑胡椒碎均勻調合成檸檬蜂蜜汁備用。
2. 將香芹和橄欖油混合成香芹橄欖油備用。
3. 燻鴨胸切片鋪成扇形，置於盤子左方。
4. 用刀將酪梨從中間劃一圈，輕輕一轉，即可很輕鬆將籽取出，小心地將皮保持完整，取出果肉，再將酪梨肉切片鋪成扇形，置於盤子右方。
5. 將洗好的四種萵苣葉疊起放置於酪梨皮內（盤子的中央），將柳丁和葡萄柚去皮取出果肉，將酪梨皮置於盤子中央，再將柳丁和葡萄柚放入酪梨皮內，淋上檸檬蜂蜜汁後，再灑上番茄丁，淋上香芹橄欖油即完成。

材 料

✦ 洋蔥175公克 ✦ 犢牛絞肉150公克 ✦ 西芹25公克 ✦ 紅蘿蔔25公克 ✦ 蒜苗12公克
✦ 月桂葉2葉 ✦ 雞蛋2個 ✦ 高湯1公升 ✦ 香芹1公克 ✦ 餛飩皮2張 ✦ 切達乳酪24公克

調味料

✦ 黑胡椒粒10個 ✦ 鹽1公克

做 法

1. 餛飩皮切成四分之一，放入切成塊狀的切達乳酪，包成乳酪餛飩，用熱水燙熟備用。

2. 將125克洋蔥切1公分厚圓片2片，放入塗過油的烤盤中烤成焦色。

3. 將50克洋蔥、西芹、紅蘿蔔、蒜苗分別切碎備用。

4. 在鋼盆中放入犢牛絞肉及切碎的蔬菜、月桂葉、黑胡椒粒及蛋等拌勻。

5. 將上述材料放入已預熱的高湯內，用中火慢煮且不時攪動，至蛋白慢慢浮起凝聚，滾開立即改小火，並加入烤焦的洋蔥。維持中間冒泡現象，持續小火煮約90分鐘，至湯呈現茶褐色即可熄火。待稍降溫後，用濾網過濾出犢牛清湯。

6. 將犢牛清湯倒入鍋中，放入汆燙好的乳酪餛飩，加熱後以少許切碎的香芹裝飾即可。

乳酪餛飩犢牛清湯

蘆筍鮮蝦犢牛清湯

材 料

✦ 蘆筍6支 ✦ 鮮蝦6尾 ✦ 洋蔥175公克 ✦ 犢牛絞肉150公克 ✦ 西芹25公克
✦ 紅蘿蔔25公克 ✦ 蒜苗12公克 ✦ 月桂葉2葉 ✦ 雞蛋2個 ✦ 高湯1公升

調味料

✦ 黑胡椒粒10個 ✦ 鹽適量

做 法

❶ 將蘆筍及鮮蝦放入滾水中氽燙熟備用。

❷ 將125克洋蔥切1公分厚圓片2片，放入塗過油的烤盤中烤成焦色。

❸ 將50克洋蔥、西芹、紅蘿蔔、蒜苗分別切碎備用。

❹ 在鋼盆中放入犢牛絞肉及切碎的蔬菜、月桂葉、黑胡椒粒及蛋等拌勻。

❺ 將上述材料放入已預熱的高湯內，用中火慢煮且不時攪動，至蛋白慢慢浮起凝聚，滾開立即改小火，並加入烤焦的洋蔥。維持中間冒泡現象，持續小火煮約90分鐘，至湯呈現茶褐色即可熄火。待稍降溫後，用濾網過濾出犢牛清湯。

❻ 將犢牛清湯倒入鍋中，放入氽燙好的蘆筍及鮮蝦，加熱後即可。

材　料 🐷

✦ 去皮切塊烤過的南瓜300公克 ✦ 洋蔥75公克 ✦ 奶油50公克 ✦ 雞高湯600CC
✦ 鮮奶油50CC ✦ 松子10公克 ✦ 薑片10公克 ✦ 胡蔥1公克

調味料 🥄

✦ 鹽1公克 ✦ 胡椒粉1公克

做　法 🍳

❶ 松子略為烤過備用。

❷ 洋蔥切碎用奶油炒香，加入烤過的南瓜及薑片，再加入雞高湯煮至南瓜軟
爛，以鹽、胡椒粉調味。

❸ 將上述材料倒入果汁機打成漿，再倒回鍋中加熱，最後加入鮮奶油，拌勻熄
火。

❹ 將奶油南瓜湯倒入湯盤中，撒上烤過的松子及胡蔥即可。

松子奶油南瓜湯

香酥洋芋大明蝦

材料

✦ 雞高湯100CC ✦ 北非米50公克 ✦ 奶油10公克 ✦ 洋蔥10公克 ✦ 紅甜椒10公克 ✦ 黃甜椒10公克 ✦ 青椒10公克 ✦ 明蝦2尾 ✦ 馬鈴薯1個 ✦ 法式芥末醬10公克

調味料

✦ 鹽5公克 ✦ 黑胡椒1公克 ✦ 白胡椒粉2公克

做法

❶ 洋蔥、紅甜椒、黃甜椒、青椒分別切碎備用。

❷ 馬鈴薯切細絲備用。

❸ 雞高湯煮沸用少許鹽及白胡椒粉調味，加入北非米拌勻後，蓋上鍋蓋關火燜10分鐘。

❹ 奶油加熱加入洋蔥碎炒香，再加入青椒、紅椒、黃甜椒碎炒軟。

❺ 倒入已煮好的北非米拌勻，用少許鹽及黑胡椒碎調味即完成北非米飯。

❻ 明蝦去頭、殼，去腸泥、帶尾，撒少許鹽和白胡椒粉，用馬鈴薯絲將明蝦綑綁起來，泡入冰水中約20分鐘，取出濾乾，用160℃的油溫炸至呈金黃色。

❼ 明蝦放入餐盤中附上北非米飯，周邊滴上法式芥末醬即完成。

材　料 🎃

✦ 鱸魚菲力300公克 (2片) 左右 ✦ 夏南瓜1條 ✦ 番茄2個 ✦ 白葡萄酒30CC
✦ 無鹽奶油15公克 ✦ 洋蔥20公克 ✦ 菠菜葉150公克 ✦ 已烤好帶皮蒜頭1個
✦ 蘿勒10公克 ✦ 蒜10公克 ✦ 橄欖油50CC

調味料 ✎

✦ 鹽1公克 ✦ 白胡椒粉1公克

做　法 ━━

❶ 將夏南瓜及番茄切片、洋蔥切丁備用。

❷ 將蘿勒、蒜切碎，放入橄欖油、少許鹽、少許白胡椒粉調勻，成為蒜味蘿勒
　 油備用。

❸ 將鱸魚菲力兩面煎後放入烤盤中，魚皮朝上，隨之即在魚皮上面將番茄片與
　 夏南瓜片，一片接一片重疊好，撒上白酒，放入450℃的烤箱中烤約8分鐘至
　 熟。

❹ 將洋蔥用奶油炒香，再加入菠菜炒熟，加少許鹽和白胡椒粉調味備用。

❺ 將洋蔥菠菜放在盤中，再將魚放在菠菜上，在上面放上已烤好的帶皮蒜頭，
　 淋上蒜味蘿勒油即完成。

蘿勒油香烤鱸魚

香辣烤春雞

材料
✦ 春雞2隻 ✦ 檸檬汁15CC ✦ 沙拉油50CC ✦ 城堡洋芋2個 ✦ 蘆筍4支
✦ 橄欖形紅蘿蔔2個 ✦ 玉米筍2支 ✦ 洋菇2朵 ✦ 青花菜2朵

調味料
✦ 鹽適量 ✦ 白胡椒粉適量 ✦ 卡津香料50公克

做 法
❶ 將蘆筍、橄欖形紅蘿蔔、玉米筍、洋菇、青花菜燙熟後,用奶油炒香,以鹽、白胡椒粉調味備用。
❷ 春雞撒鹽、白胡椒粉及檸檬汁調味。
❸ 卡津香料與沙拉油放入盆中拌勻,放入春雞醃10分鐘,放入已預熱的力160℃的烤箱中烤約20至25分鐘,至表面成為金黃色。
❹ 城堡洋芋用油煎後放入已預熱的180℃的烤箱中烤約30分鐘,至呈金黃色,以鹽調味。
❺ 將烤好的春雞放置餐盤中,附上烤城堡洋芋及蔬菜,淋上一些烤汁即完成。

材　料

✦ 犢牛小里肌片240公克 ✦ 奶油30公克 ✦ 白葡萄酒40CC ✦ 紅蔥頭10公克
✦ 蘑菇100公克 ✦ 紅酒汁30CC ✦ 鮮奶油50CC ✦ 德式酸奶油25公克 ✦ 馬鈴薯2個
✦ 蝦夷蔥3公克 ✦ 蘆筍12支 ✦ 橄欖形紅蘿蔔12個 ✦ 玉米筍12支 ✦ 甜豆12支
✦ 青花菜12朵

調味料

✦ 鹽適量 ✦ 白胡椒粉適量

做　法

① 蘆筍、紅蘿蔔、玉米筍、甜豆、青花菜燙熟後，用奶油20克炒香，加少許鹽
　及白胡椒粉調味備用。將紅蔥頭切碎、蘑菇切片備用。

② 馬鈴薯去皮後用絞絲器絞成絲，用大量的水將馬鈴薯絲的澱粉沖掉，吸乾水
　分後放入錐形網內炸至呈金黃色，用鹽調味備用，即成為錐形洋芋。

③ 將犢牛小里肌片加少許鹽及白胡椒粉調味，用平底鍋將肉與奶油10克炒上
　色，灑上白葡萄酒20CC撈起。

④ 用同一個鍋子將紅蔥頭碎與蘑菇片爆香，加白葡萄酒20CC濃縮，將炒好的
　肉片倒回一起炒，加入紅酒汁煮沸。

⑤ 最後加入鮮奶油及酸奶油調味拌勻即可。

⑥ 將錐形洋芋放置餐盤中央，周圍擺上炒好的犢牛小里肌及蔬菜，撒上切碎的
　蝦夷蔥即完成。

蘇黎世犢牛肉片

楊錦騰

現任
臺灣觀光學院廚藝系講師級專業技術教師

專長
中餐烹飪、地方風味小吃、宴會料理

經歷
新光兆豐農場副主廚、台北欣榕園餐廳泰山店主廚、台東鹿鳴酒店行政總主廚、花蓮美崙飯店副主廚、台東知本老爺酒店頭鍋、潮港城國際美食館餐廳屏東和平店總主廚、新竹福華飯店頭鍋、台中霧峰滿福餐廳主廚、南投溪頭米堤飯店頭鍋、台中通豪飯店廚師、台中中友百貨大觀園酒樓廚師、台中豐原肯尼士大飯店廚師

專業證照
中餐烹調乙級證照
中餐烹調丙級證照

得獎紀錄
2006知本老爺廚藝盃火焰釋迦養生石榴雞冠軍
2007臺灣第一味炒飯達人廚藝競賽社會組銅牌
2010全國好菇道親子烹飪比賽銅牌獎
2010嘉義縣中埔鄉養生蔬食創意料理第二名
2010年中華民國養雞協會百變好土雞創意料理比賽第一名
2011年行政院環保署低碳飲食蔬食廚藝比賽第一名

由於近年來「腦血管、心血管疾病」等疾病已成為全球十大死因的重要項目之一，這也意味著國人「健康」出了重大的問題，而會導致這些問題的因素絕對和「生活作息及不健康的飲食」有莫大的關係，身為餐飲人的我們理當負起絕對的責任，相對的全球餐飲美食的日新月異，大家都逐漸已「養生料理」作為主要趨勢，同時國人也漸漸地開始對傳統中餐有了新的改觀及想法，所以為了因應全球料理趨勢的改革，我們變更了以往傳統中餐的觀念，以「高纖、少油、少鹽、低熱量」作為料理的基礎，取代了國人以往對於中餐烹飪就是重油、重鹽錯誤的觀念，而以調味蔬菜作為料理的根本，以達到「食材料理食材」的最終目標，烹調法則是盡量以「烤取代了炸、煮取代了燴」作為烹飪的中心，再添加「蒸，烘，燙」，好提煉出食材最初的原味，變化出樣貌多端的料理，再以西餐的擺盤模式，創造出嶄新精緻的中餐料理，讓人不僅有新的視覺饗宴，同時也吃得美味更吃出了健康。

　　這是一本讓您吃得到健康及美味的養生料理食譜，作者以養生輕食食材搭配清蒸健康料理作法，並選用台灣當令蔬果、菇類、海鮮為食材，加上更多的美味創意，讓大家在享受美食的同時，身體也吸收到滿滿的營養，達到美味與養生兼具的創意料理。

涼拌蕨菜卷

材料

✦ 蕨菜150克 ✦ 去膜炒花生粒20克 ✦ 雞蛋2粒 ✦ 海苔2片 ✦ 紅蘿蔔50克
✦ 番茄（1個）50克

調味料

✦ 鹽1.5克 ✦ 細砂糖7.5克 ✦ 義大利紅椒粉2克 ✦ 番茄醬10克 ✦ 沙拉醬50克
✦ 芝麻醬10克 ✦ 檸檬原汁10克

做法

❶ 紅蘿蔔去皮切薄片（和海苔一樣長寬），蕨菜洗淨，一起汆燙熟後泡冰水濾乾，切去蕨菜頭部老硬梗，尾巴去除5公分備用。

❷ 將雞蛋分成蛋黃及蛋白，分別煎成蛋皮，將蛋皮放入壽司竹捲上，再放入海苔、紅蘿蔔和蕨菜，捲成圓形，斜切45度，擺入盤中。

❸ 沙拉醬、芝麻醬、檸檬原汁等所有調味料混合攪拌均勻備用。

❹ 番茄雕刻成蝴蝶狀，排在菜的周圍成盤飾。

❺ 去膜炒花生粒用刀拍扁敲成碎粒，取一半加入沙拉醬中拌勻，再將沙拉淋在盤面菜的周圍，上面再灑上剩餘花生粒即可。

材　料

✦ 活九孔8粒 ✦ 蔥30克 ✦ 薑30克 ✦ 蒜頭20克 ✦ 辣椒5克 ✦ 小番茄10克 ✦ 小黃瓜50克
✦ 紅甜椒20克 ✦ 香菜5克 ✦ 綠捲生菜50克 ✦ 紫洋蔥50克

調味料

✦ 米酒5克 ✦ 番茄醬10克 ✦ 工研白醋20克 ✦ 糖20克 ✦ 香油5克 ✦ 沙茶5克 ✦ 鹽1克
✦ 和風醬40克

做　法

❶ 將水600CC煮開，放入米酒及一半的蔥、薑煮2分鐘，再放入九孔小火煮2分
　 鐘，泡5分鐘撈起，放入冰水中冰鎮後瀝乾，將九孔拔開去除頭、肚，放回
　 九孔殼內備用。

❷ 蒜頭、辣椒、香菜及剩餘薑、蔥切末備用。

❸ 小番茄汆燙後去皮去籽，切末備用。蒜頭末、辣椒末、薑末、蔥末、一半的
　 香菜末及所有調味料調成五味醬汁。

❹ 洋蔥切絲，小黃瓜切絲，紅甜椒切絲，泡冰水5分鐘瀝乾放入盤中，淋上和
　 風醬。

❺ 九孔排入盤中，上面淋上五味醬汁，並將剩餘香菜末及小番茄末，放入九孔
　 上，排入綠捲生菜，再以海樹、貝殼做裝飾即可。

五味鮮九孔

鮭魚番茄飯

材 料

✦ 鮭魚肉100克 ✦ 牛番茄（150克一粒）2粒 ✦ 白米100克 ✦ 蛋1粒 ✦ 青花菜100克
✦ 洋蔥30克 ✦ 起司絲30克 ✦ 紫蘇30克 ✦ 紫洋蔥10克 ✦ 黃甜椒10克

調味料

✦ 橄欖油30克 ✦ 番茄醬20克 ✦ 鹽5克 ✦ 雞粉5克 ✦ 胡椒粉2克

做 法

❶ 白米洗淨加入90CC水入蒸籠蒸40分鐘後燜5分鐘取出。洋蔥切小丁備用，紫洋蔥、黃甜椒切絲燙過放入盤中。

❷ 鮭魚切小丁，烤成金黃色備用。青花菜切成4小朵，用少許水加油、鹽各5克汆燙過備用。

❸ 番茄去頭挖籽，燙過泡水把皮剝掉備用。

❹ 鍋中放入橄欖油、洋蔥丁、蛋炒香，加番茄醬、雞粉、胡椒粉、白飯、一半起司絲、一半鮭魚丁炒勻，放入番茄盅內，上面再放上起司粉，放入烤箱（預熱250度）中用250度烤4分鐘，一盅排入盤中間，一盅切成4等分，排入盤四周，青花菜在4等份的番茄盅中間各排1朵即可，紫蘇炸酥放在盤周，少許青花菜切末與剩下的鮭魚末撒在烤好的番茄盅及四周裝飾。

材　料

✦ 鴻禧菇100克 ✦ 雪白菇100克 ✦ 杏鮑菇150克 ✦ 玉米筍2支 ✦ 紅甜椒50克
✦ 白果2粒 ✦ 板豆腐100克 ✦ 青江菜6棵 ✦ 雞蛋1粒

調味料

✦ 鹽10克 ✦ 糖10克 ✦ 香油2克 ✦ 胡椒粉2克 ✦ 太白粉10克

做　法

❶ 首先鍋內加水300克、鹽6克、糖6克，煮開備用；青江菜外面的葉子拔掉只
留4葉，頭削成鉛筆形，尾巴對齊切一刀；玉米筍直切一開四；紅椒切半去
籽，頭尾稍微切掉，將其中一半分成三等份，切大三角形，另一半則分成四
等份，切小三角形。

❷ 將鴻禧菇、雪白菇朵處0.4公分剪起洗淨備用，杏鮑菇斜切長6公分、寬1.5公
分挖洞備用，杏鮑菇朵挖洞備用。

❸ 剩餘的菇跟素材加水300CC熬煮至剩菇高湯100CC備用。

❹ 分別把鴻禧菇、雪白菇、杏鮑菇、青江菜、紅甜椒、玉米筍、白果汆燙至
熟，之後沖涼瀝乾備用。

❺ 板豆腐用紙巾吸乾水份，加入香油少許、鹽2克、胡椒粉、蛋液10克、太白
粉3克，雪白菇切小丁後加入豆腐中，全部材料一起攪拌。

❻ 杏鮑菇挖洞朝上吸乾水份，灑上少許太白粉，將做法❺的材料分成4份，釀
進杏鮑菇內，再用蛋液塗抹，使表面光滑。將鴻禧菇、雪白菇朵、白果用紙
巾吸乾水份，在杏鮑菇上圍兩圈，第一圈用雪白菇，第二圈用鴻禧菇，中間
放入半粒銀杏，再插入小三角形紅椒。

❼ 將菇放入盤中、青江菜圍在菇的兩旁、玉米筍圍在菇與菇的中間成V字型，
大三角形紅椒放入V字型中間，送入蒸籠蒸5分鐘，將菇高湯放入鹽調味，用
太白粉勾薄芡，放入香油少許，淋在菇上面即可。

花開富貴

材 料

✦ 手工板條75克 ✦ 草蝦仁50克 ✦ 花枝漿50克 ✦ 白表肉20克 ✦ 鴻禧菇40克
✦ 紅甜椒30克 ✦ 玉米筍2支 ✦ 青江菜3棵 ✦ 新鮮熟金針花3朵 ✦ 薑10克 ✦ 蔥10克 ✦
蛋1粒 ✦ 紅甜椒20克

調味料

✦ 香油180克 ✦ 太白粉60克 ✦ 中華和風醬30克 ✦ 糖75克 ✦ 雞粉35克 ✦ 素蠔油30克
✦ 胡椒粉3克 ✦ 鹽10克 ✦ 糖10克

做 法

❶ 將草蝦仁、花枝漿、白表肉、薑、蔥剁成泥,直到呈黏稠狀。

❷ 板條切成長6公分寬2公分,底下放少許太白粉,放入蝦泥鋪平,放入三根
鴻禧菇,捲成圓桶形,共製作三卷,擺在盤中入蒸籠蒸4分鐘後取出,中間
插入金針花蕾,並將和風醬煮熱淋上。

❸ 青江菜剁葉成4片,葉頭削成鉛筆狀,葉子切平,與玉米筍、鴻禧菇、紅甜
椒切長三角形加糖、鹽汆燙過圍邊。

❹ 紅黃椒切小丁,燙過放入盤內做裝飾,用素蠔油在盤邊滴一串小圓點即可。

材　料

✦ 杏鮑菇5克 ✦ 黑木耳3克 ✦ 絲瓜70克 ✦ 紅龍山藥5克 ✦ 木瓜60克 ✦ 芋頭5克
✦ 鴻禧菇10克 ✦ 雪白菇10克 ✦ 蝦仁30克 ✦ 花枝30克 ✦ 紅、黃甜椒各5克
✦ 蛋白2克 ✦ 豌豆嬰2克

調味料

✦ 中華和風醬30克 ✦ 雞粉2克 ✦ 鹽2克 ✦ 太白粉3克 ✦ 素蠔油8克

做　法

❶ 將蝦子、花枝剁成泥，放入蛋白打至呈黏稠狀，放入調味料雞粉、鹽，拌勻
備用。

❷ 山藥、杏鮑菇、芋頭、黑木耳切長6公分、寬1公分薄片，燙過備用。

❸ 絲瓜去皮，削成長8公分、寬8公分薄片三片，汆燙後用紙巾吸乾水份，上面
放少許太白粉，再放入蝦泥和做法❷材料，捲成三卷圓桶狀，其中一卷加入
鴻禧菇、雪白菇，三卷一起放入蒸籠以100度蒸4分鐘，拿出後兩卷斜切排入
盤中，一卷放在盤正中間，插入豌豆嬰。

❹ 木瓜切長三角形，排入絲瓜卷四周呈放射狀，中華和風醬加熱，淋在絲瓜卷
上，用素蠔油在木瓜後方各點兩點即可。

和風養生絲瓜卷

養生五彩繽紛蝦

材　料
✦絲瓜15克 ✦杏鮑菇15克 ✦木耳15克 ✦芋頭15克 ✦紅龍山藥15克 ✦草蝦1隻
✦花枝漿20克 ✦蔥2克 ✦薑2克 ✦洋蔥2克

調味料
✦沙拉油10克 ✦印度咖哩粉10 ✦牛奶20克 ✦香菇精2克 ✦太白粉2克 ✦素蠔油5克

做　法

❶ 絲瓜、杏鮑菇、木耳、芋頭、紅龍山藥等材料去皮切絲備用。

❷ 蝦子剁下頭尾燙熟備用。蝦仁剔除蝦腸後剁成蝦泥，加入花枝漿、蔥薑末和香菇精調味。

❸ 洋蔥丁加油炒香，放入咖哩粉、牛奶調味後加太白粉勾薄芡，成為咖哩牛奶醬汁。

❹ 絲瓜切成長寬2.5公分、厚0.1公分，用小刀切成圓形後燙熟備用。

❺ 用五種絲鋪底，將蝦漿包入捲好，入蒸籠蒸4分鐘後取出備用。

❻ 將蝦頭尾及絲瓜擺入盤中，將咖哩牛奶醬汁淋在絲瓜上、再放入五彩繽紛蝦，兩旁用素蠔油做點綴即可。

材　料

✦ 日本帶子（新鮮干貝）30克 ✦ 蝦仁15克 ✦ 髮菜1克 ✦ 紅、黃甜椒各10克
✦ 鹹蛋黃30克 ✦ 綠捲生菜2克 ✦ 杏鮑菇10克 ✦ 芋頭250克 ✦ 絲瓜250克 ✦ 黑木耳10
克 ✦ 紅龍山藥250克

調味料

✦ 和風醬40克 ✦ 米酒10克 ✦ 鹽1克 ✦ 雞粉2克 ✦ 素蠔油10克

做　法

❶ 髮菜加入水100CC及素蠔油煮滾，熄火泡3分鐘瀝乾備用。

❷ 將水煮滾放入米酒、鹽、雞粉、帶子，熄火泡4分鐘備用。

❸ 紅、黃椒及黑木耳、杏鮑菇、絲瓜、芋頭10克、紅龍山藥10克等切丁，上述
材料與松茸菇先用滾水汆燙過，再泡冰水降　後瀝乾備用。

❹ 將髮菜纏繞在帶子外圍備用。

❺ 蝦仁打成泥，絲瓜切成長5cm、寬1.5cm薄片8片，和長3公分、寬1.5公分薄
片7片，包入蝦漿成ㄇ型，上面放入蛋黃末，入蒸籠蒸3分鐘，排入盤內呈菊
花形，剩下絲瓜做成花枝和9片葉子做盤飾。

❻ 將芋頭及山藥雕刻成天鵝狀，鵝身挖空，入蒸籠蒸5分鐘，放入盤中，鵝身
放入做法❸食材和帶子。

❼ 和風醬淋在帶子上，菊花四周用素蠔油點幾滴裝飾，最後用綠捲生菜放在帶
子旁做點綴。

紅番石榴球

材 料

✦ 紅番石榴1個 ✦ 牛番茄1個 ✦ 熟綠竹筍30克 ✦ 鯛魚肉30克
✦ 帶子（新鮮干貝）30克 ✦ 蝦仁30克 ✦ 草菇30克 ✦ 蛋2顆 ✦ 洋蔥10克 ✦ 蒜苗10克
✦ 青花菜75克 ✦ 薑30克 ✦ 鹹蛋黃1/2粒

調味料

✦ 香油20克 ✦ 米酒10克 ✦ 鹽10克 ✦ 雞粉10克 ✦ 糖10克 ✦ 太白粉20克 ✦ 素蠔油10克

做 法

❶ 將紅番石榴切半、牛番茄切頭挖籽，汆燙備用。

❷ 青花菜切朵加少許水及鹽5克、糖5克汆燙備用。

❸ 竹筍、鯛魚肉、帶子、蝦仁、草菇等材料切丁，加少許水及薑、酒汆燙，將蒜苗汆燙備用。

❹ 將洋蔥切丁，放入鍋內爆香，放入所有材料和調味料炒勻，用太白粉勾薄芡備用。

❺ 將蛋白和蛋黃分開煎成二片蛋皮，包入炒好的海鮮料，用蒜苗綁好，中間放入鹹蛋黃，放入番石榴及番茄內，入蒸籠蒸5分鐘，放入盤中，排入青花菜，淋上芡汁，四周用素蠔油做點綴即可。

材　料

✦ 杏鮑菇60克　✦ 黑木耳4克 ✦ 牛奶80克 ✦ 紅龍山藥60克 ✦ 芋頭60克
✦ 紅、黃甜椒各2克 ✦ 蛋2克 ✦ 銀杏1粒 ✦ 青江菜2棵 ✦ 玉米筍1支

調味料

✦ 印度咖哩粉8克 ✦ 香菇粉3克 ✦ 鹽3克 ✦ 太白粉15克 ✦ 香油5克 ✦ 素蠔油5克

做　法

❶ 將芋頭、山藥去皮蒸熟分開，加入咖哩粉2克、太白粉5克、牛奶20克、蛋液
攪拌成泥備用。

❷ 杏鮑菇切片，黑木耳切絲，青江菜去老葉，紅、黃甜椒切小丁，玉米筍切
半，全部燙過備用。

❸ 咖哩粉加入水20克、牛奶60克入鍋中煮滾後，加入香菇粉、鹽調味，用太白
粉10克加水勾芡，放入香油增亮備用。

❹ 在盤中以杏鮑菇做底，放少許太白粉，上面第一層放入芋頭泥，第二層放紫
山藥泥做成鳳眼，再放上木耳絲，中間放銀杏入蒸籠蒸5分鐘，青江菜、紅
黃甜椒、玉米筍在盤做裝飾，淋上咖哩汁，在四周點素蠔油做點綴可。

奶香鳳眼鮑

現任

臺灣觀光學院廚藝系助理教授級專業技術教師

學術專長

中餐烹調、蔬果雕刻、冰雕

主要經歷

日月潭涵碧樓大飯店行政副主廚
柯達大飯店（台中）中餐主廚
員林昇財麗禧酒店中餐主廚
台中福華大飯店中餐副主廚
飲食男女餐廳中餐主廚
鯉魚門餐廳中餐主廚
台中東龍中餐廳中餐主廚

專業證照

中餐技術士技能檢定中餐烹調乙級證照合格

競賽獎項

香港國際美食大賽現場中菜銀牌獎
香港國際美食大賽現場冰雕銅牌獎
新加坡國際美食大賽中菜展示金牌獎
新加坡國際美食大賽現場冰雕銅牌獎
泰國國際美食大賽現場中菜銀牌獎
泰國國際美食大賽現場冰雕銅牌獎
泰國國際美食大賽蔬果雕展示銅牌獎

提供編輯食譜的構思泉源，以取之學校、用之學校為最大感觸，從授課資料中分別擬出三部分；「台灣小吃菜色」、「中餐宴席菜色」、「參與國際競賽菜色」。訓練學生採漸進式的輔導過程，對小吃的認識與食材的搭配互通；再進入套餐的融合菜色，提升學生對廚藝的興趣；進而練習宴席菜的精湛廚藝；參與廚藝競賽為師生共同創造個人榮譽與增進校譽的階段，學生將學習成果轉換成廚藝競賽，是帶動同儕的最佳榜樣，老師參與廚藝競賽為改進教學的作品展現。

　　學生進入學校學習「台灣小吃菜色」課程為基層烹調操作訓練，結合在地食材、飲食文化及現代器皿的應用，創造出屬於本校的特色作品。

　　學生學習「融合料理」課程可以辨別出中、西式課程的廚藝特色，亦是目前餐飲最熱門的廚藝競賽項目（套餐主菜），學校實習餐廳所呈現菜餚，也是訓練學生將平時所學以套餐型式表達作品成果。

　　「中餐宴席菜色」的課程，提供給學生多元化的參考資料。被認同的創意菜作品須長時間投入練習與搜尋資料，知識轉換的啟發，是廚藝課程的忠實朋友。

酸白菜牛肉卷

材料

+ 酸白菜40克 + 牛菲力100克 + 山蘇15克 + 芋頭地瓜30克 + 韭菜2克 + 紅甜椒15克
+ 黃甜椒15克 + 蘆筍20克 + 鯛魚10克 + 杏仁片5克 + 鴻禧菇5克 + 蒜3克 + 培根5克
+ 薑3克 + 紅蔥頭1克 + 紫洋蔥10克 + 蔥5克 + 山藥10克 + 花椒1克 + 菜豆5克
+ 桂皮2克 + 八角2克 + 沙拉油300克 + 胡椒鹽10克 + 紅麴醬80克 + 糖2克 + 蠔油10克
+ 高粱酒5克 + 麵粉2克 + 老酒30克 + 柴魚粉1克 + 香油5克 + 香菇粉1克 + 梅醋5克

高湯蔬菜料： + 牛肉筋皮80克 + 山藥20克 + 紅甜椒10克 + 黃甜椒10克
+ 紫洋蔥20克 + 蔥10克 + 薑5克 + 蒜頭5克 + 蘆筍30克

調味料

A： + 胡椒鹽2克 + 糖1克 + 香油2克
B： + 胡椒鹽1克 + 香油1克
C： + 蠔油10克 + 糖1克 + 香菇粉1克 + 柴魚粉1克 + 香油2克

做法

❶ 酸白菜切絲入鍋加蔥段、蒜片、薑絲、調味料A一起拌炒。起鍋後加入冰梅醋拌勻。

❷ 牛肉去筋皮後切片，加胡椒鹽醃漬，捲入炒好的酸白菜，煎熟後切開。筋皮加蔬菜料及水600CC熬煮2小時後過濾湯汁，成為高湯。

❸ 芋頭地瓜洗淨去皮切片，入鍋煮熟，取出搗成泥，加入炒熟的培根及炸酥的蒜碎、調味料B，拌勻後做成圓形狀，入鍋煎熱。

❹ 鯛魚切片，加入蔥、薑、花椒、八角、桂皮、高粱酒、胡椒鹽醃漬，沾麵粉、蛋液、杏仁片入鍋炸熟。

❺ 紫洋蔥、蒜、紅蔥頭切碎後用油爆香，加入紅麴醬拌炒均勻，再加高湯及調味料C，起鍋前加入老酒做成醬汁。

❻ 紅、黃甜椒切條加山蘇、蘆筍、鴻禧菇、菜豆、韭菜一起入鍋汆燙過，再加胡椒鹽、紅蔥油拌勻，再用韭菜綁緊，放在盤中一側。

❼ 將上述各項成品分別擺入盤中，淋上醬汁即可。

材　料

✦ 全鴨1隻約1公斤 ✦ 馬蹄20克 ✦ 半圓豆腐皮2張 ✦ 雞蛋75克 ✦ 生白芝麻20克
✦ 樹豆100克 ✦ 蔥20克 ✦ 薑30克 ✦ 香菜20克 ✦ 芹菜30克 ✦ 洋蔥60克 ✦ 生菜葉30克
✦ 香吉士250克 ✦ 小黃瓜1條 ✦ 紅辣椒10克 ✦ 高麗菜100克

高湯料： ✦ 鴨骨600克 ✦ 香菜10克 ✦ 薑20克 ✦ 洋蔥30克 ✦ 芹菜20克 ✦ 紅蘿蔔30克

拌料： ✦ 馬蹄20克 ✦ 蔥10克 ✦ 薑5克 ✦ 香菜10克 ✦ 芹菜10克 ✦ 洋蔥30克

調味料

A： ✦ 米酒20克 ✦ 香油30克 ✦ 糖20克 ✦ 香菇粉1克 ✦ 雞粉1克 ✦ 太白粉60克
　　✦ 蠔油50克 ✦ 胡椒粉1克 ✦ 鹽1克

B： ✦ 香油10克 ✦ 香菇粉1克 ✦ 胡椒粉1克 ✦ 鹽1克

做　法

❶ 全鴨去骨、皮、筋，汆燙洗淨後，加樹豆、水2000CC、高湯料一起熬煮2小
　 時，過濾出湯汁及樹豆，用果汁機打成醬，加調味料A做成醬汁。

❷ 將高麗菜切絲泡冰水，將香吉士、小黃瓜、紅辣椒分別切片備用。

❸ 將高麗菜絲瀝乾放在盤子中央，旁邊圍上生菜葉，外面再圍上香吉士片及小
　 黃瓜片，再用紅辣椒片點綴。

❹ 將鴨肉剁細，加入拌料及調味料B調勻。

❺ 將半圓豆腐皮切成4等分，放入鴨肉泥包成長方形，入蒸籠中蒸熟。

❻ 將鴨肉卷沾太白粉、蛋液及生白芝麻，用熱油小火炸熟。

❼ 將炸好的鴨肉卷擺放在高麗菜絲上即可，搭配醬汁一起食用。

樹豆芝麻鴨

三絲繡球豆腐

材 料

✦ 板豆腐500克 ✦ 蝦仁60克 ✦ 雞胸肉100克 ✦ 雞蛋400克 ✦ 紫山藥60克
✦ 青花菜150克 ✦ 紅蘿蔔150克 ✦ 香菇20克 ✦ 椰漿60克 ✦ 雞骨300克 ✦ 香菜20克
✦ 薑10克 ✦ 洋蔥30克 ✦ 芹菜30克 ✦ 紅蘿蔔50克

高湯料： ✦ 雞骨300克 ✦ 香菜20克 ✦ 薑10克 ✦ 洋蔥30克 ✦ 芹菜30克 ✦ 紅蘿蔔50克
✦ 紫山藥60克 ✦ 香菇20克

調味料

A： ✦ 米酒30克 ✦ 香油30克 ✦ 糖20克 ✦ 香菇粉0.5克 ✦ 雞粉1克 ✦ 太白粉20克
✦ 胡椒粉0.2克 ✦ 鹽2克
B： ✦ 鹽1克 ✦ 太白粉10克 ✦ 胡椒粉0.2克
C： ✦ 鹽1克 ✦ 太白粉20克 ✦ 胡椒粉0.2克 ✦ 香油20克 ✦ 香菇粉0.5克

做 法

❶ 高湯料加水2000CC熬煮1小時；將紫山藥、香菇挑出來；再過濾出湯汁；紫
山藥加調味料A、湯汁、椰漿做成醬汁。

❷ 雞蛋加水（雞蛋的2倍分量）及調味料B一起用打蛋器打勻，過濾雜質後放
入盤中用小火蒸20分。

❸ 板豆腐去硬皮壓碎，蝦仁去沙腸搗成泥，雞胸肉搗成泥，三者一起混合加調
味料C、蛋白調勻後做成餡料。

❹ 雞蛋煎成蛋皮後切細絲、紅蘿蔔切細絲、香菇切細絲；三絲混合均勻。

❺ 取少許餡料外裹三絲，做成三絲繡球豆腐，放入蒸籠用大火蒸8分鐘。

❻ 水中加少許油將青花菜汆燙，放在盤中做盤飾。

❼ 將蒸好的三絲繡球豆腐放入盤中，淋上醬汁即可。

材　料
✦草魚300克 ✦青豆仁60克 ✦雞蛋150克 ✦蔥10克 ✦薑30克 ✦洋蔥60克 ✦芹菜30克
✦香菜20克 ✦紅蘿蔔60克 ✦菠菜30克
高湯料： ✦雞骨300克 ✦香菜10克 ✦薑10克 ✦洋蔥20克 ✦芹菜10克 ✦紅蘿蔔20克

調味料
A： ✦米酒20克 ✦香油10克 ✦香菇粉0.8克 ✦雞粉0.8克 ✦胡椒粉0.6克 ✦鹽1克
B： ✦香油10克 ✦香菇粉0.2克 ✦雞粉0.2克 ✦胡椒粉0.4克 鹽1克 ✦太白粉20克

做　法
❶ 草魚去頭、骨及皮，留魚肉打成泥。
❷ 魚頭、骨及皮汆燙過洗淨，加高湯料及水2000CC一起熬煮1小時；過濾湯汁
後加調味料A即成為高湯。
❸ 魚肉泥加調味料B、切碎的蔥薑、蛋白一起調勻；取味碟做模型，抹上香
油，將魚肉餡填入後放上青豆仁，入蒸籠小火蒸8分鐘。
❹ 洋蔥切絲，紅蘿蔔切水花片，雞蛋煎蛋皮後切片，菠菜葉一起入高湯煮熟，
撈起後先放羹盤中，將蒸熟的魚肉放入後灌入高湯。
❺ 將蔥花、紅蔥片炸酥，將香菜、芹菜切碎，灑在湯上裝飾即可。

蓮蓬蔬菜魚湯

鴛鴦大拼盤

材料

✦ 草蝦300克 ✦ 里肌肉300克 ✦ 馬蹄30克 ✦ 香菇10克 ✦ 紅蘿蔔30克 ✦ 洋蔥1/4個
✦ 美生菜1/6顆 ✦ 山島蝦鬆30克 ✦ 香吉士3個 ✦ 大黃瓜1/2個 ✦ 大番茄1個
✦ 高麗菜200克 ✦ 生菜葉100克 ✦ 香菜20克 ✦ 紅辣椒20克 ✦ 蔥20克 ✦ 薑20克
✦ 檸檬1個 ✦ 竹籤10根 ✦ 雞蛋75克

調味料

A：✦ 香油10克 ✦ 香菇粉0.5克 ✦ 雞粉0.5克 ✦ 太白粉10克 ✦ 胡椒粉0.3克 ✦ 鹽1克
B：✦ 米酒20克 ✦ 香油10克 ✦ 糖20克 ✦ 香菇粉0.5克 ✦ 雞粉0.5克 ✦ 胡椒粉0.7克
　　✦ 鹽1克

做法

❶ 草蝦用竹籤從尾部往頭部串，蔥、薑加水及鹽入鍋燒開，加入草蝦串用小
　火煮1分鐘，關火燜1分鐘，撈起放冷再剝掉蝦頭及殼，剖對半去腸泥。

❷ 雞蛋去殼留蛋黃，放入磁器碗內用打蛋器以順時間方向打，緩慢加入沙拉
　油，變成稠狀時再加入糖、鹽、胡椒粉、檸檬汁調成沙拉醬。

❸ 里肌肉切小丁加調味料A一起醃漬入味，馬蹄拍破，紅蘿蔔、洋蔥、蔥、薑
　切碎。

❹ 里肌肉過油後，爆香蔥、薑後，放入馬蹄、紅蘿蔔、香菇、洋蔥拌炒，加
　入調味料B拌勻。

❺ 香吉士切半挖去果肉；美生菜切絲，裝入香吉士殼內，再放入炒好的里肌
　肉丁配料，再灑上山島蝦鬆，並在上面放上香菜作裝飾。

❻ 大黃瓜、大番茄、紅辣椒分別雕花，高麗菜切絲。

❼ 將生菜葉放入盤中，上面鋪上高麗菜絲，放上蝦肉，淋上調好的沙拉醬。

❽ 將做好的香吉士盅放入盤中，圍在蝦肉及高麗菜絲旁邊。

❾ 用大黃瓜、大番茄、紅辣椒盤邊做盤飾即可。

材 料

✦ 猴頭菇200克 ✦ 香菇50克 ✦ 小黃瓜120克 ✦ 薑40克 ✦ 黃豆芽300克 ✦ 香菜10克
✦ 芹菜10克 ✦ 紅蘿蔔20克 ✦ 香菇20克

調味料

✦ 米酒30克 ✦ 香油20克 ✦ 糖60克 ✦ 香菇粉1克 ✦ 太白粉30克 ✦ 胡椒粉1克
✦ 素蠔油100克 ✦ 番茄醬100克 ✦ 鹽1克

做 法

❶ 將薑10克、黃豆芽、紅蘿蔔、芹菜、香菜加水1000CC一起熬煮1小時，過濾
出湯汁。

❷ 猴頭菇、香菇用熱油炸過。薑片（30克）爆香後加入猴頭菇及香菇，加入湯
汁（300克）及調味料，將湯汁縮乾。

❸ 將小黃瓜整條汆燙過再冰鎮，切成連體片。

❹ 將部分香菇切片後和小黃瓜片一起放入盤中做盤飾，再放入猴頭菇及香菇即
可。

素燒棲蘭山雙菇

拔絲芋泥球

材　料

✦ 芋頭600克 ✦ 麥芽糖100 ✦ 氣泡汽水150CC ✦ 香油20克 ✦ 糖200克 ✦ 沙拉油300克
✦ 太白粉30克 ✦ 低筋麵粉150克 ✦ 泡達粉2克 ✦ 白芝麻1克

麵　糊

✦ 低筋麵粉150克 ✦ 水100克 ✦ 沙拉油50克

做　法

❶ 芋頭洗淨後去皮，切片入蒸籠大火蒸10分鐘；取出後搗成泥，加糖（100
克）、沙拉油、太白粉拌勻，搓成一顆顆小圓球。

❷ 將芋泥球沾麵糊炸酥。

❸ 取一磁盤抹上香油。

❹ 鍋中加水200CC、糖100克、麥芽糖，加熱溶解炒至糖汁變顏色，放進芋泥
球拌勻，即可盛入磁盤中，再灑上白芝麻。

❺ 氣泡汽水用小碗裝，為沾芋泥球用，可增加糖汁脆度及口感。

材　料

✦ 話梅粉1克 ✦ 石斑魚肉200克 ✦ 杏仁片60克 ✦ 蔥20克 ✦ 薑20克 ✦ 九層塔20克
✦ 八角5克 ✦ 花椒2克 ✦ 雞蛋70克

調味料

醃料： ✦ 米酒30克 ✦ 香油30克 ✦ 香菇粉1克 ✦ 雞粉1克 ✦ 胡椒粉1克 ✦ 鹽2克
沾醬： ✦ 話梅粉1克 ✦ 番茄醬100克 ✦ 糖30克 ✦ BB醬30克

做　法

❶ 石斑魚肉切片，加入醃料、蔥、薑、八角、花椒一起醃製。
❷ 魚片先沾太白粉，再沾蛋液、杏仁片，用熱油小火炸1分鐘，起鍋後炸九層
　塔葉。
❸ 將炸好的魚片放入盤中，上面擺上九層塔葉裝飾。
❹ 番茄醬、糖、話梅粉、BB醬一起調勻後做成沾醬。

杏仁魚片

雞卷

材料

✦ 絞肉200克 ✦ 馬蹄50克 ✦ 紅蘿蔔30克 ✦ 半圓豆腐皮2張 ✦ 薑10克 ✦ 蔥20克
✦ 香菜10克 ✦ 蛋75克

麵糊： ✦ 低筋麵粉150克 ✦ 水100克 ✦ 沙拉油50克

調味料

醃料： ✦ 香油50克 ✦ 糖20克 ✦ 香菇粉1克 ✦ 雞粉1克 ✦ 胡椒粉1克 ✦ 鹽2克
✦ 太白粉20克

沾醬： ✦ 烏醋100克

做法

❶ 絞肉加馬蹄、紅蘿蔔、薑、蔥、蛋及醃料一起拌勻，成為餡料備用。

❷ 麵粉加水、沙拉油調成麵糊備用。

❸ 在半圓豆腐皮上放入適量餡料，捲成圓形長條，以熱油小火慢炸，起鍋後切片盛盤。

❹ 放上少許香菜裝飾，烏醋放入小碗或小碟子中做為沾醬。

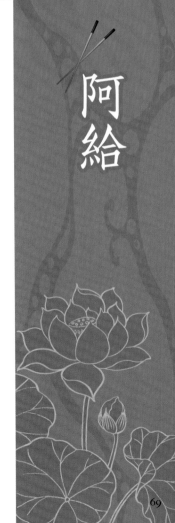
阿給

材　料

+ 方形油豆腐6個 + 粉絲30克 + 絞肉75克 + 開陽（蝦米）10克 + 蒜頭15克
+ 紅蔥頭10克 + 雞蛋1粒 + 魚漿100克 + 蔥10克 + 香菜30克 + 甘草粉1克
+ 甜辣醬70克 + 在來米漿150克 + 雞骨300克 + 大骨300克 + 薑10克 + 洋蔥20克
+ 芹菜10克 + 紅蘿蔔20克 + 黃甜椒1克

調味料

A： + 米酒30克 + 香油30克 + 糖10克 + 香菇粉1克 + 雞粉1克 + 蠔油30克
　　　+ 胡椒粉1克 + 紅麴醬60克
B： + 糖50克 + 水100克 + 鹽1克 + 甘草粉0.2克 + 甜辣醬70克

做　法

❶ 雞骨及大骨汆燙洗淨後加水2000CC、薑、洋蔥、芹菜、紅蘿蔔等，用小火
　 熬1小時，濾出湯汁做為高湯使用。

❷ 用刀將油豆腐側面劃開L型切口，挖出豆腐渣。

❸ 將粉絲泡軟，切小段。紅蔥頭10克去皮切片後炸酥。蒜頭5克切碎，蔥切成
　 蔥花，入鍋爆香後加入絞肉、開陽、高湯、粉絲、調味料A一起燜煮至汁縮
　 乾，做為內餡。

❹ 將內餡填入油豆腐皮中，以魚漿封口，放入蒸鍋，以大火蒸6分鐘，即成為
　 阿給。

❺ 調味料B混合調勻入鍋煮滾後，在來米漿30克緩慢放入，調至稠狀，放冷做
　 成甜醬料。蒜頭打成泥加醬油膏調勻做成鹹醬料。

❻ 將阿給放入盤中，放上香菜及黃甜椒做為裝飾配料用，淋上兩種醬料即可。

黃池生

現任
臺灣觀光學院廚藝系助理教授級專業技術教師兼學務處衛保組長

專長
餐飲經營管理、中餐烹飪、健康養生料理、餐廳廚房規劃設計、食譜標準化、廚房教育訓練、採購倉儲物料管理

主要經歷
遠雄集團遠雄海洋公園餐飲經理兼行政總主廚
統一集團統一健康世界鄉村、城市會員俱樂部餐飲經理兼行政總主廚
台灣民俗村嘯月山莊渡假大飯店餐飲總監兼行政總主廚
台中世界貿易中心聯誼社行政總主廚
花蓮亞士都大飯店行政主廚
高雄華園大飯店行政主廚
日本東京弘城大飯店調理長
台北中原大飯店副主廚
台中大飯店廚師

專業證照
中餐技術士技能檢定中餐烹調乙級證照合格

近年來消費者外食的次數快速成長，並且樂於嘗試新式的料理。餐飲市場因而日漸蓬勃發展，也正是有心人士進入此一就業市場的良機。

　　新興餐廳櫛比鱗次地開幕營運，業務蒸蒸日上，逐漸使得餐飲業成為國內頂尖產業。餐廳中的靈魂人物——廚師，他們的社會地位已不再似以往般，而逐漸受到社會大眾的肯定，並且被視為具有藝術涵養與烹飪技藝的專業人士。

　　餐飲服務的工作不同於一般型態的工作，在於它的性質充滿了挑戰性。由餐飲工作中所獲得的興奮與成就感，更非其他任何行業可以相比擬。一般社會大眾，僅注視到餐飲業風光迷人的一面，殊不知其中的任何一項無不仰賴於經年累月的訓練，長時間的工作，以及面對緊迫的工作壓力等，方能獲致稍許的成功。

　　民以食為天，不管是西方高雅典美的料理食譜，還是東方歷史悠久的料理食譜，事實上這些美食的本質都是為了滿足人們對吃的需求，因此飲食已經從過去的簡單果腹，發展到對色香味美的追求，食譜也從樸實簡陋演變到講求高貴華麗，所以從料理裡就可以看出每個國家對飲食的態度和生活素質的轉變。

　　很多人以為中國藥膳是食物與中藥的相加，但事實上非也，藥膳是由藥物和食物精製而成的一種既有藥物功效又有食品美味的特殊食品。藥膳既可治病又可強身防病，是有別於藥物治療的，而且藥膳養生食譜裡所提到的都是比較平和的食物，但防治疾病和養生效果卻是非常有效，因此有愈來愈多的人開始喜歡食用藥膳。

　　但優良的藥膳必須講究煮食的技術。藥膳除要有一般飲食的色香味外，還要保留營養成分才能發揮治療的作用。而且藥膳要保持食物和藥材的特性，才能使食物與藥材緊密結合，這樣才能發揮養生的作用。但藥膳食譜在搭配上還是要適量，短期內不能進食過多，應該根據自身狀況小量食用，持之以恆，一定會有相當的成效。

紅燒番茄獅子頭

材 料

✦ 絞肉300公克 ✦ 荸薺100公克 ✦ 牛番茄60公克 ✦ 蔥20公克 ✦ 薑 20 公克
✦ 香菜20公克 ✦ 蒜仁50公克 ✦ 蛋2顆 ✦ 豆腐100公克

調味料

✦ 醬油20公克 ✦ 鹽0.5公克 ✦ 糖10公克 ✦ 太白粉20公克 ✦ 米酒20公克 ✦ 五香粉少許
✦ 肉桂粉少許

做 法

❶ 荸薺、少許薑、蒜仁、少許蔥切碎,加入絞肉、蛋液、少許醬油、鹽、糖、太白粉、米酒、五香粉、肉桂粉、豆腐摔打至產生黏性。

❷ 將拌勻之絞肉,整形成圓球,下油鍋炸至金黃色,撈起備用。

❸ 起鍋放少許油,加入少許薑片、蔥段爆香後再加番茄、少許醬油、水,滾後下獅子頭,燒50分鐘即可撈起。

❹ 取小碗,分別放上一顆獅子頭及番茄,淋上三分滿湯汁,放上一片香菜葉即完成。

材料

✦ 魚片600公克 ✦ 菠蘿100公克 ✦ 豆腐100公克 ✦ 蛋2顆 ✦ 豆腐皮3張 ✦ 魚漿50公克
✦ 奇異果一顆

調味料

✦ 糖100公克 ✦ 白醋100公克 ✦ 太白粉60公克 ✦ 雞粉20公克 ✦ 鹽5公克
✦ 米酒10公克

做法

❶ 菠蘿切丁，加糖、白醋及水200公克，煮成稠狀，並加少許沙拉油增加其亮
   度，即成菠蘿醬汁。
❷ 魚片切片，用雞粉、鹽、米酒醃漬備用。
❸ 豆腐切長條狀，捲入魚片中備用。
❹ 豆腐皮捲起切細條（捲愈緊所切出的條狀愈細），平放於檯面上盤中備用。
❺ 將已捲好之魚卷裹上太白粉，再沾蛋汁，然後均勻裹上豆腐皮絲，下鍋油炸
   至呈金黃色，撈起瀝油，擺放於盤中，淋上菠蘿醬汁。
❻ 奇異果切丁擺在盤邊裝飾。

腐皮金絲鮮魚球

材料

✦鮮百合100公克 ✦培根200公克 ✦蘆筍100公克 ✦小番茄50公克 ✦洋蔥100公克
✦香菜50公克 ✦葱20公克 ✦薑20公克 ✦蒜20公克

調味料

✦米酒20公克 ✦鹽1公克 ✦雞粉10公克 ✦太白粉20公克 ✦沙拉油30公克

做法

❶ 百合剝片，洗淨泡水備用。

❷ 蘆筍切段，洗淨泡水備用。

❸ 培根平鋪於砧板上，放入蘆筍捲起，放入烤箱約5分鐘後取出擺盤。

❹ 起油鍋放入葱、薑、蒜爆香，加入洋蔥、小番茄、香菜拌炒，加少許鹽、米
酒、雞粉、太白粉調味。

❺ 百合汆燙後撈起加少許鹽、米酒、雞粉、太白粉調味，將百合及做法4材料
淋在培根卷上即可。

材　料 🧑‍🍳
✦ 雞腿肉500公克 ✦ 松子20公克 ✦ 青花菜200公克 ✦ 紅椒30公克 ✦ 黃椒30公克
✦ 蒜頭30公克 ✦ 蔥30公克 ✦ 薑30公克 ✦ 白果20克

調味料 🥄
✦ 糖10公克 ✦ 醬油20公克 ✦ 胡椒粉5公克 ✦ 雞粉5公克 ✦ 香油10公克
✦ 太白粉20公克

做　法 📋
❶ 雞腿肉去骨，先輕切橫直條紋不可切斷，然後再切塊，加少許胡椒、糖、醬
　油調味後醃漬5分鐘。白果先汆燙至熟備用。
❷ 起鍋後倒入沙拉油約1000cc，燒至溫度約40度，加入松子慢火炸成金黃色撈
　起備用。
❸ 將雞肉放入油鍋裡慢火炸約5分鐘撈起，再加入青椒、紅椒、黃椒、白果炸
　約1分鐘撈起備用。
❹ 起鍋加少許油後，再加入青花菜及水燜炒約3分鐘，再加少許鹽、糖、太白
　粉撈起即可。
❺ 起油鍋爆香蔥、薑、蒜頭，再加入醬油、糖、胡椒粉、雞粉，爆香後加入雞
　肉、青椒、紅椒、黃椒、白果大火翻炒約1分鐘後，加少許太白粉水勾芡，
　最後加入松子拌勻後，淋上香油盛盤。
❻ 最後用青花菜圍邊做盤飾即可。

松子白果嫩雞球

香菇釀肉山苦瓜

材 料
+ 香菇20公克 + 青江菜100公克 + 紅椒一顆 + 山苦瓜（圓形）300公克
+ 絞肉200公克 + 豆腐100公克 + 雞蛋2顆 + 葱20公克 + 薑20公克 + 蒜20公克

調味料
+ 鹽0.5公克 + 雞粉10公克 + 太白粉60公克 + 沙拉油20公克 + 香油10公克
+ 米酒30公克

做 法
1. 香菇泡水洗淨，切末備用。
2. 青江菜去尾洗淨，汆燙備用。
3. 豆腐壓碎瀝乾備用。
4. 絞肉加雞蛋、香菇，再加入碎豆腐及少許太白粉，加入鹽、雞粉、香油、米酒拌勻。
5. 將山苦瓜汆燙去苦澀味，剖半取子（先剖半再汆燙），灑上少許太白粉，加入調味好之絞肉豆腐即可。
6. 紅椒剖上半取子，灑上少許太白粉，加入調味好之絞肉豆腐即可。
7. 將紅椒與山苦瓜上蒸籠蒸約40分鐘，取出湯汁備用。
8. 青江菜擺盤後，紅椒與山苦瓜放置在上面。起油鍋爆香葱、薑、蒜，加入做法❼的湯汁，用少許太白粉水勾芡，最後淋在山苦瓜及紅椒上面即可。

材　料 🎃
✦牛肉200公克✦薑100公克✦紅甜椒50公克✦芹菜100公克✦香菜梗50公克
✦葱50公克✦雞蛋1顆✦嫩精3公克

調味料 ✂
✦醬油5公克✦太白粉10公克✦鹽5公克✦胡椒5公克✦米酒10公克✦糖3公克

做　法 🍳
❶ 牛肉、薑、芹菜、香菜梗切絲，紅甜椒切絲備用。
❷ 牛肉用雞蛋、糖、嫩精及醬油醃漬，牛肉汁出來後加米酒及太白粉（牛肉外
　　表沾上薄薄一層），讓牛肉將汁液吃回去。
❸ 起中低溫油鍋，將牛肉及薑絲過油，瀝乾油份備用。
❹ 鍋熱加油，加入紅甜椒絲、芹菜絲、香菜梗拌炒，再將牛肉及薑絲加入快
　　炒，加鹽及胡椒調味後勾薄芡，裝盤即可。

香根薑絲牛肉絲

白雲香菇釀肉末

材料

✦ 豬絞肉200公克 ✦ 生香菇50公克 ✦ 蘆筍50公克 ✦ 黃椒30公克 ✦ 紅椒30公克
✦ 蛋3顆 ✦ 蒜頭20公克 ✦ 蔥30公克 ✦ 薑50公克 ✦ 巴西利20公克

調味料

✦ 胡椒粉5公克 ✦ 雞粉10公克 ✦ 香油20公克 ✦ 米酒20公克 ✦ 太白粉20公克

做法

❶ 將紅椒、黃椒和薑、蔥、蒜頭、巴西利切末備用。

❷ 將豬絞肉放入胡椒、雞粉、香油、米酒，再加入蔥、薑、蒜頭末和蛋黃，打均勻後加少許太白粉備用。

❸ 蘆筍去尾端，香菇去蒂，汆燙熟後備用。

❹ 把絞肉捏成球狀，放在香菇背面上，撒少許紅椒、黃椒末，即可拿去蒸籠裡蒸熟（約20分鐘），即可取出擺盤。

❺ 將蛋白打發，起鍋加入蛋白，加入少許胡椒粉、少許雞粉拌炒，放入盤中淋在香菇肉丸之間，再撒上巴西利末，即可完成。

❻ 蘆筍斜刀對半切段加以盤飾。

材 料

✦ 海參（整條）3條 ✦ 絞肉200公克 ✦ 生香菇100公克 ✦ 青江菜150公克
✦ 白果100公克 ✦ 蒜頭20公克 ✦ 蔥30公克 ✦ 薑30公克 ✦ 高湯450CC

調味料

✦ 糖20公克 ✦ 醬油10公克 ✦ 胡椒粉1公克 ✦ 雞粉5公克 ✦ 香油10公克
✦ 太白粉20公克

做 法

❶ 整條烏參泡水後洗淨備用。

❷ 生香菇切片洗淨備用。

❸ 蔥切長段，炸成金黃色備用。

❹ 白果加入高湯300CC慢熬約5分鐘即可。

❺ 鍋中加少許油後，再加入青江菜及少許水，燜炒約1分鐘，再放少許鹽、糖，
加少許太白粉撈起後整齊擺放在盤子邊緣一側做為盤飾。

❻ 起油鍋爆香蒜頭、薑、蔥，加入醬油、糖、雞粉、胡椒粉後，加入絞肉、生香
菇，再入高湯150CC左右，慢熬約2分鐘後，再加入烏參、白果，慢熬約15分
鐘，讓烏參入味後，再以少許太白粉水勾茨，再淋上香油即可盛盤。

白果懷胎海烏參

彩椒三絲鮮魚卷

材　料

✦ 鯛魚600公克 ✦ 紅椒50公克 ✦ 黃椒50公克 ✦ 薑100公克 ✦ 蔥100公克
✦ 生香菇50公克 ✦ 香菜20公克 ✦ 沙拉油1000公克 ✦ 青花菜200公克

調味料

✦ 雞粉20公克 ✦ 太白粉50公克 ✦ 鹽10公克 ✦ 胡椒粉5公克

做　法

❶ 鯛魚切片，紅椒、黃椒、蔥、薑、生香菇切絲備用。

❷ 用鯛魚片鋪底，將紅椒絲、黃椒絲、蔥絲、薑絲放上去捲起來，放在沾有少許沙拉油的盤子上，入蒸籠蒸十分鐘即可。

❸ 起鍋將蒸過魚汁加少許水、雞粉、鹽、胡椒粉調味後，加太白粉水勾芡，即成為醬汁。

❹ 將蒸熟的魚卷擺盤後，生香菇汆燙切長末丁擺魚卷正中間，青花菜汆燙入味擺在盤子中間，再淋上醬汁即可上桌。

材　料 🦐
✦ 雞腿肉3支約250公克 ✦ 栗子50公克 ✦ 紅棗30公克 ✦ 紅椒20公克 ✦ 黃椒20公克
✦ 青花菜200公克 ✦ 蒜頭20公克 ✦ 蔥20公克 ✦ 薑20公克

調味料 🥢
✦ 糖10公克 ✦ 醬油10公克 ✦ 胡椒粉5公克 ✦ 雞粉10公克 ✦ 香油10公克 ✦ 鹽10公克
✦ 太白粉30公克

做　法 ▰◣▬
❶ 乾栗子、紅棗先蒸熟。
❷ 雞腿肉去骨，先輕切橫直條紋不可切斷，然後再切塊備用。
❸ 紅椒、黃椒切塊備用。
❹ 鍋中加少許油後，再加入青花菜及水，燜炒約3分鐘，再放鹽、糖，加少許太
　白粉撈起後擺放在盤子邊緣一側做為盤飾。
❺ 鍋中倒入沙拉油約1000cc，燒至溫度約40度，將雞肉放入油鍋裡慢火炸約5分
　鐘後撈起，再加入紅椒、黃椒炸約1分鐘撈起備用。
❻ 起油鍋爆香蔥、薑、蒜頭，加入醬油、糖、胡椒粉、熟栗子、紅棗，再加入
　雞肉燜5分鐘後，將紅椒、黃椒放入，再加入雞粉，大火翻炒後加少許太白粉
　水勾芡即可盛盤。

栗子紅棗燜土雞

黃文龍

現任
臺灣觀光學院廚藝系講師級專業技術教師

專長
法式點心、巧克力蛋糕、手工巧克力

主要經歷
知本老爺大酒店點心房主管
理想大地度假飯店點心房主廚
嘉年華自助餐廳點心房主廚
新沛麵包坊負責人
郭記食品麵包部主廚
奇奇食品麵包部領班
松華堂食品麵包部領班
富瑤食品麵包部領班

專業經歷
台東專科學校餐飲科兼任講師級專業技術講師
台東外燴公會烘焙兼任講師
臺灣觀光專科學校烘焙社烘焙兼任講師
宜蘭頭城社區大學烘焙兼任講師

專業證照
中華民國技術士西點蛋糕麵包乙級證照合格
中華民國技術士中點丙級證照合格

本食譜中，巧妙地融合兩項食材——無鹽發酵奶油與海藻糖，研發出特殊的香氣、口感，具有獨特風味，搭配時令水果與各種不同的新鮮食材，設計出具不同特色的甜點。

在此先說明海藻糖與砂糖的差異性。

海藻糖的甜度僅為砂糖的0.45，是一種較不甜的糖，用於麵包與蛋糕中，吃起來不甜，因而降低蔗糖用量，而使熱量降低。

海藻糖具有抗澱粉老化、抗蛋白變性、抗熱不起梅納反應等理化特性，因此在烘焙食品上可作為抗濕作用。最近在西點界非常流行海藻糖，不僅是法國、日本的西點名廚十分喜愛運用這種新穎的糖類，就連台灣也逐漸在使用當中。

再來說明發酵無鹽奶油的特點。

發酵奶油是在製作奶油的初期，在乳脂中加入乳酸菌種，攪拌使之發酵後，製成的奶油具有特殊的風味，一般製成的發酵奶油是沒有加鹽的無鹽奶油，所以Cultured Butter或Cultured Unsalted Butter都是無鹽發酵奶油，另外也有人認為發酵奶油比較健康，是因為他們認為在發酵的過程中，乳酸菌會吃掉乳脂（cream）中的乳糖（lactose），使得奶油中的乳糖含量較一般奶油為低，不過對於對乳糖有輕微過敏的人來說，發酵奶油是個比一般奶油更好的選擇。

柳橙巧克力慕斯

材料

柳橙蛋糕
+ 糖粉140克 + 杏仁粉150克
+ 玉米粉20克 + 可可粉20克 + 蛋白20克
+ 海藻糖60克 + 柳橙1顆

熱帶水果庫利
+ 蛋黃150克 + 全蛋180克 + 細砂糖60克
+ 水果果泥（百香果或芒果）400克
+ 吉利丁30克 + 奶油140克

柳橙白巧克力慕斯
+ 卡士達奶油餡250克 + 柳橙2顆 + 白巧克力300克
+ 吉利丁5克 + 鮮奶油300克 + 柳橙酒15CC

裝飾
+ 鏡面果膠、馬卡龍、草莓、白巧克力、開心果屑各少許

做　法 ✎⟆

❶ **柳橙蛋糕**：將糖粉、杏仁粉、玉米粉、可可粉一起過篩備用，柳橙刨下柳橙皮屑備用。

❷ 將蛋白放入鋼盆中，加入海藻糖，用攪拌機或打蛋器打發，再加入柳橙皮屑及過篩的粉料拌勻，倒入慕斯框中。

❸ 烤箱先預熱，以上火200℃、下火100℃烘烤12分鐘。

❹ **熱帶水果庫利**：將水果果泥加熱，加入蛋黃、全蛋、細砂糖，續煮至82℃，熄火加吉利丁片拌勻至吉利丁片溶化。

❺ 降溫至40℃，加入軟化奶油拌勻倒入模具冷藏備用即可。

❻ **柳橙白巧克力慕斯**：柳橙刨下柳橙皮屑備用。卡士達奶油餡加熱至45℃，加入吉利丁、白巧克力、蛋白拌勻。

❼ 降溫後加入柳橙皮屑（保留少許組合時使用）、柳橙酒、鮮奶油拌勻即可。

❽ **組合**：取一片柳橙蛋糕入模具中。

❾ 加入1/2的柳橙白巧克力慕斯。

❿ 鋪上熱帶水果庫利。

⓫ 再加入1/2柳橙白巧克力慕斯。

⓬ 表面撒上柳橙皮屑，冷凍冰硬後脫模。

⓭ **表面裝飾**：將白巧克力隔水加熱融化，趁熱淋在透明塑膠片上面做成所要的造形。

⓮ 將鏡面果膠抹在表面，上面用馬卡龍、草莓、開心果屑、白巧克力做裝飾。

杏仁榛果蛋白霜蛋糕

材料

核桃蛋白糕
✦ 蛋白120克 ✦ 海藻糖80克
✦ 核桃粉40克 ✦ 糖粉35克
✦ 低筋麵粉90克 ✦ 摩卡咖啡醬3克

義大利蛋白霜
✦ 純水65克 ✦ 海藻糖250克 ✦ 蛋白90克

榛果奶油餡
✦ 蛋黃100克 ✦ 海藻糖175克 ✦ 麥芽糖20克
✦ 純水70克 ✦ 發酵奶油500克 ✦ 榛果醬500克

裝飾
✦ 草莓、白巧克力、櫻桃、薄荷葉各少許

做法

❶ **核桃蛋白糕**：將蛋白加入海藻糖後用攪拌機充分打發成蛋白霜。

❷ 將核桃粉、糖粉、低筋麵粉過篩，與摩卡咖啡醬一起加入上項蛋白霜拌勻，倒入長方形烤盤即可。

❸ 烤箱預熱後以上火200℃、下火100℃烘烤20分鐘即可，冷却後取8吋大小圓形三片。

❹ **榛果奶油餡**：將海藻糖、麥芽糖加水煮沸備用。

❺ 將攪拌機將蛋黃一邊打發，一邊將上述煮沸糖水倒入繼續打發，冷却降溫備用。

❻ 發酵奶油與榛果醬拌勻後，加入做法❺中用攪拌機繼續打發，直至充分乳化。

❼ **義大利蛋白霜**：純水與糖煮至120℃。

❽ 用攪拌機一邊將蛋白打發，一邊將糖水倒入繼續打發，直至乾性發泡。

❾ **組合**：取一片核桃蛋白糕，上面抹上一層榛果奶油餡，再放上一片核桃蛋白糕，上面再抹上一層榛果奶油餡，再放上一片核桃蛋白糕。

❿ 表面抹上一層義大利蛋白霜，使用瓦斯噴槍將蛋白霜表面稍微烤出一點焦痕。

⓫ **表面裝飾**：將白巧克力隔水加熱融化，趁熱淋在透明塑膠片上面做成所要的造形。

⓬ 用草莓、白巧克力、櫻桃、薄荷葉放在蛋糕上做裝飾。

材　　料

刺蔥派皮
✦ 無鹽奶油90克 ✦ 糖粉75 ✦ 鹽1克 ✦ 香草精少許 ✦ 蛋黃1個 ✦ 高筋麵粉150克
✦ 杏仁粉20克 ✦ 刺蔥少許

乳酪刺蔥餡
✦ 奶油乳酪250克 ✦ 海藻糖40克 ✦ 雞蛋3個 ✦ 刺蔥少許 ✦ 櫻桃醬300克

表面裝飾
✦ 鮮奶油、水蜜桃、草莓、黑櫻桃、奇異果、鳳梨、什錦水果、菲莎莉、白醋
　 粟各少許

做　　法

❶ **刺蔥派皮**：將無鹽奶油、糖粉、鹽、香草精、蛋黃放入容器中拌勻。

❷ 再加入過篩的高筋麵粉、杏仁粉，並加刺蔥碎拌勻成糰即可。

❸ 取200公克派皮擀圓擀平，平鋪於7吋派盤備用，派皮表面需用叉子扎些小
　 洞，預防烤焙時膨脹，將派皮放入已預熱的烤箱，上火180℃、下火180℃烘
　 烤15分鐘，派皮烤至半熟備用。

❹ **乳酪刺蔥餡**：將奶油乳酪、砂糖拌勻軟化，加入雞蛋拌勻。

❺ 再將刺蔥碎、櫻桃醬、加入拌勻，即成乳酪刺蔥餡。

❻ **組合**：將乳酪餡放入派皮內，放入已預熱的烤箱，上火160℃、下火160℃烘
　 烤35分鐘，出爐冷卻後即可脫模。

❼ **表面裝飾**：將鮮奶油抹在表面上，再舖上切成小塊的水蜜桃、草莓、黑櫻
　 桃、奇異果、鳳梨、什錦水果，再放上菲莎莉、白醋粟即可。

香草覆盆子慕斯

材　料

巧克力蛋糕
- ✦ 發酵奶油57克 ✦ 糖粉19克
- ✦ 蛋黃75克 ✦ 蛋白225克 ✦ 海藻糖38克 ✦ 塔塔粉少許 ✦ 低筋麵粉40克
- ✦ 可可粉10克 ✦ 覆盆子香甜酒

覆盆子慕斯
- ✦ 覆盆子果泥340克 ✦ 海藻糖30克 ✦ 吉利丁片10克 ✦ 鮮奶油300克
- ✦ 櫻桃酒20克 ✦ 香草精2滴

蛋糕圍邊A（可可麵糊）
- ✦ 發酵奶油50克 ✦ 糖粉50克 ✦ 蛋白50克 ✦ 低筋麵粉30克 ✦ 可可粉15克

蛋糕圍邊B（奶油麵糊）
- ✦ 發酵奶油90克 ✦ 糖粉30克 ✦ 蛋黃120克 ✦ 低筋麵粉80克 ✦ 蛋白180克
- ✦ 海藻糖50克 ✦ 覆盆子果泥20克

覆盆子淋面
- ✦ 水30克 ✦ 海藻糖40克 ✦ 吉利丁片40片 ✦ 覆盆子果泥100克

表面裝飾
- ✦ 草莓、奇異果、檸檬、水蜜桃、菲莎莉、拉糖、櫻桃

做　法

1. **巧克力蛋糕**：將已軟化的無鹽奶油加入糖粉用攪拌機打發，再分次加入蛋黃打勻，即成奶油蛋黃糊。

2. 蛋白中加入海藻糖、塔塔粉，用攪拌機打至乾性發泡。

3. 將做法❶的奶油蛋黃糊分次加入做法❷的蛋白中，再加入過篩後的低筋麵粉及可可粉，攪拌均勻後倒入長方形烤盤即可。

4. 烤箱先預熱，以上火200℃、下火100℃烘烤12分鐘，冷却後取8吋大小圓形兩片。

5. **覆盆子慕斯**：覆盆子果泥與海藻糖一起放入鍋中煮沸。

6. 吉利丁片泡冰水軟化，加入做法❺中拌勻溶解降溫。

7. 將鮮奶油打發，加入做法❻中，再加入櫻桃酒、香草精拌勻。

8. **蛋糕圍邊A（可可麵糊）**：將發酵奶油、糖粉拌勻。

9. 將蛋白分三次加入奶油中拌勻，成為奶油蛋白糊。

10. 將低筋麵粉及可可粉過篩後加入奶油蛋白糊中，用橡皮刮刀拌勻。

11. 將完成的可可麵糊平均抹在矽膠布上，使用波浪刮刀刮出紋路，放入冰箱冷藏。

12. **蛋糕圍邊B（奶油麵糊）**：發酵奶油、糖粉一起拌勻用攪拌機打發。

13. 將蛋黃分兩次加入打發的奶油中繼續拌勻。

14. 將低筋麵粉過篩後加入奶油蛋黃糊中，用橡皮刮刀拌勻。

15. 蛋白加入海藻糖一起拌勻用攪拌機打發。

16. 取一半蛋白霜加入奶油蛋黃糊中拌勻，拌勻後再將另一半蛋白霜加入奶油蛋黃糊中拌勻，成為奶油麵糊。

17. 取出冷藏的可可麵糊，將奶油麵糊倒在可可麵糊上，放進預熱的烤箱內，以上火200℃、下火150℃烘烤14分鐘

18. **覆盆子淋面**：覆盆子果泥加水一起煮沸。

19. 加入海藻糖、已泡冰水軟化的吉利片攪拌，至吉利片完全溶解後降溫備用。

20. **組合**：將蛋糕圍邊切成4.5公分長條狀，鋪在慕斯框內側，花紋朝外。

21. 取一片巧克力蛋糕入模具中。

22. 加入1/2覆盆子慕斯。

23. 再放入一片巧克力蛋糕，淋上覆盆子香甜酒。

24. 再加入1/2覆盆子慕斯，平均抹平，送入冰箱冷凍。

25. 冰硬後抹上覆盆子淋面，淋面凝固後即可脫模。

26. **表面裝飾**：將草莓、奇異果、檸檬、水蜜桃、菲莎莉、拉糖、櫻桃分別放在慕斯上做裝飾即可。

歐佩拉

材　料

法式杏仁海綿蛋糕
✦ 杏仁粉180克 ✦ 糖粉40克 ✦ 雞蛋360克 ✦ 蛋白290克 ✦ 海藻糖200克
✦ 低筋麵粉100克 ✦ 發酵奶油50克

巧克力慕斯
✦ 海藻糖25克 ✦ 水25克 ✦ 蛋黃40克 ✦ 牛奶40克 ✦ 優力康鮮奶油100克
✦ 可可酒10克 ✦ 苦甜巧克力150克 ✦ 鮮奶油350克

巧克力鏡面
✦ 苦甜巧克力140克 ✦ 鮮奶油150克 ✦ 咖啡香甜酒10克

裝飾
✦ 巧克力、銀珠巧克力各少許

做　法 ✎───

❶ **法式杏仁海綿蛋糕**：將杏仁粉、糖粉、雞蛋一起放入容器中用攪拌機打發，成為杏仁糊備用。

❷ 將蛋白、海藻糖一起放入容器中用攪拌機打發，成為蛋白糊備用。

❸ 取一半蛋白糊加入杏仁糊拌勻，再將剩餘1/2蛋白糊加入杏仁糊拌勻。

❹ 將過篩後的低筋麵粉及已隔水融化的發酵奶油加入拌勻，攪拌均勻後倒入長方形烤盤即可。

❺ 烤箱先預熱，以上火200℃、下火100℃烘烤14分鐘，冷却後切成四片。

❻ **巧克力慕斯**：將海藻糖加水煮至120℃，略降溫後加入蛋黃用攪拌機打發。

❼ 將牛奶、優力康鮮奶油煮至85℃，加入做法❻中拌勻。

❽ 將苦甜巧克力隔水加熱融化，加入做法❼中拌勻。

❾ 將鮮奶油用攪拌機打發，加入做法❽中拌勻，再加入可可酒拌勻即可。

❿ **巧克力鏡面**：將苦甜巧克力、鮮奶油隔水加熱融化後，加入咖啡香甜酒調勻即可。

⓫ **組合**：取一片杏仁海綿蛋糕入模具中，加入1/3巧克力慕斯抹平。

⓬ 再取一片杏仁海綿蛋糕入模具中，再加入1/3巧克力慕斯抹平。

⓭ 再取一片杏仁海綿蛋糕入模具中，再加入1/3巧克力慕斯抹平。

⓮ 再取一片杏仁海綿蛋糕入模具中，表面抹上一層奶油，放入冰箱中冷凍。

⓯ 冰硬後在表面淋上巧克力鏡面。

⓰ **表面裝飾**：將巧克力隔水加熱融化，一部分趁熱淋在透明塑膠片上面做成所要的裝飾造形，一部分裝在紙製擠花袋中在蛋糕表面四周擠些花紋。

⓰ 將巧克力裝飾及銀珠巧克力放在蛋糕表面裝飾即可。

洛神花慕斯

材　料

巧克力蛋糕

✦ 發酵奶油57克 ✦ 糖粉19克 ✦ 蛋黃75克 ✦ 蛋白225克 ✦ 海藻糖38克 ✦ 塔塔粉少許
✦ 低筋麵粉40克 ✦ 可可粉10克

洛神花慕斯

✦ 鮮奶油140克 ✦ 鮮奶70克 ✦ 洛神花汁80克 ✦ 檸檬1顆（榨汁） ✦ 吉利丁片20克
✦ 動物鮮奶油350克 ✦ 洛神花酒5克

洛神花凍

✦ 水80克 ✦ 海藻糖20克 ✦ 吉利丁片4片 ✦ 洛神花汁60克

蛋糕圍邊A（洛神花麵糊、可可麵糊）

✦ 發酵奶油50克 ✦ 糖粉50克 ✦ 蛋白50克 ✦ 低筋麵粉30克 ✦ 洛神花汁少許
✦ 可可粉5克

蛋糕圍邊B（奶油麵糊）

✦ 發酵奶油90克 ✦ 糖粉30克 ✦ 蛋黃120克 ✦ 低筋麵粉80克 ✦ 蛋白180克
✦ 海藻糖60克

裝飾

✦ 拉糖、巧克力少許

做　法

1. **巧克力蛋糕**：將已軟化的無鹽奶油加入糖粉用攪拌機打發，再分次加入蛋黃打勻，即成奶油蛋黃糊。
2. 蛋白中加入海藻糖、塔塔粉，用攪拌機打至乾性發泡。
3. 將做法❶的奶油蛋黃糊分次加入做法❷的蛋白中，再加入過篩後的低筋麵粉及可可粉，攪拌均勻後倒入長方形烤盤即可。
4. 烤箱先預熱，以上火200℃、下火100℃烘烤14分鐘，冷却後取八吋大小六角形兩片。
5. **洛神花慕斯**：鮮奶油、鮮奶煮至85℃，加入泡冷水軟化的吉利丁片拌勻，冷却降溫。
6. 加入洛神花汁、檸檬汁拌勻。
7. 將動物鮮奶油用攪拌機打發，加入做法❻中拌勻。
8. 加入洛神花酒拌勻備用。
9. **洛神花凍**：海藻糖加水煮沸，加入泡冷水軟化的吉利丁片拌勻，冷却降溫。
10. 將洛神花汁將做法❾中拌勻即可。
11. **蛋糕圍邊A（洛神花麵糊、可可麵糊）**：將發酵奶油、糖粉拌勻。
12. 將蛋白分三次加入奶油中拌勻，成為奶油蛋白糊。
13. 將過篩後的低筋麵粉加入拌勻。取2/3麵糊加入洛神花汁拌勻，其餘1/3加入可可粉拌勻，分別成為洛神花麵糊及可可麵糊。
14. 將完成的洛神花麵糊及可可麵糊抹在矽膠布上，使用毛刷刮出不規則紋路，放入冰箱冷藏。
15. **蛋糕圍邊B（可可麵糊）**：發酵奶油、糖粉一起拌勻。
16. 將蛋黃分兩次加入奶油中繼續拌勻。
17. 將低筋麵粉及可可粉過篩後加入奶油蛋黃糊中，用橡皮刮刀拌勻。
18. 蛋白加入海藻糖一起拌勻用攪拌機打發。
19. 取一半蛋白霜加入奶油蛋黃糊中拌勻，拌勻後加入另一半蛋白霜拌勻，成為奶油麵糊。
20. 取出冷藏的洛神花麵糊、可可麵糊，將奶油麵糊倒在洛神花、可可麵糊上，放進預熱的烤箱內，以上火200℃、下火150℃烘烤14分鐘。
21. **組合**：將蛋糕圍邊切成4.5公分長條狀，鋪在八吋六角形慕斯框內側，花紋朝外。
22. 取一片巧克力蛋糕入模具中，加入1/2洛神花慕斯抹平。
23. 再取一片巧克力蛋糕入模具中，再加入1/2洛神花慕斯抹平。
24. 將蛋糕放入冰箱中冷凍。
25. 冰硬後在表面淋上洛神花凍。
26. **表面裝飾**：將拉糖及巧克力放在慕斯表面裝飾即可。

古典巧克力蛋糕

材　料

✦ 瑞士蓮苦甜巧克力220克 ✦ 發酵奶油120克 ✦ 動物鮮奶油120克 ✦ 可可粉40克
✦ 低筋麵粉90克 ✦ 蛋黃8個 ✦ 蛋白8個 ✦ 塔塔粉少許 ✦ 鹽少許 ✦ 海藻糖90克

裝飾

✦ 橄欖形奶油、草莓、薄荷葉、防潮糖粉、裝飾巧克力、白醋粟各少許

做　法

❶ 瑞士蓮苦甜巧克力、發酵奶油、動物鮮奶油放在容器中隔水加熱至溶解。

❷ 加入過篩的可可粉、低筋麵粉，用橡皮刮刀拌勻。

❸ 再將蛋黃加入拌勻，即成為巧克力麵糊。

❹ 將蛋白、塔塔粉、鹽一起放在容器中，用攪拌機打至濕性發泡，再將海藻糖
　加入打發即成為蛋白霜。

❺ 將巧克力麵糊加入蛋白霜中拌勻，倒入烤模即可。

❻ 烤箱先預熱，以上火180℃、下火140℃烘烤25~30分鐘，出爐後輕敲邊緣，
　冷卻後即可脫模。

❼ 表面先撒上防潮糖粉，再擠上橄欖形奶油，放上草莓、薄荷葉、巧克力、白
　醋粟裝飾即可。

材料

餅乾底
✦ 奇福餅乾屑90克 ✦ 糖粉20克 ✦ 發酵奶油50克

乳酪麵糊
✦ 奶油乳酪500克 ✦ 海藻糖50克 ✦ 蛋黃3個 ✦ 蛋白3個 ✦ 塔塔粉少許 ✦ 海藻糖100克
✦ 可可粉20克 ✦ 熱水5克

表面裝飾
✦ 巧克力裝飾、草莓、白醋粟、開心果各少許

做法

❶ **餅乾底：**奇福餅乾屑、糖粉、發酵奶油一起拌勻，倒入烤模中壓實，放入冰箱
　　冷藏備用。

❷ **乳酪麵糊：**將奶油乳酪加入海藻糖50克一起打散成膏狀，再加入蛋黃拌勻，即
　　成乳酪麵糊。

❸ 將塔塔粉加入蛋白中，用攪拌機打至濕性發泡，再加入100克海藻糖繼續攪拌
　　至打發，即成為蛋白霜。

❹ 取1/2打發的蛋白霜與乳酪麵糊攪拌均勻，最後再將另1/2打發蛋白加入拌勻。

❺ **組合：**留下50克麵糊，將其餘麵糊倒入餅乾底上面。

❻ 將熱水、可可粉調勻，再加入50公克麵糊，成為可可麵糊，不規則淋在乳酪麵
　　糊上。

❼ 用筷子在麵糊表面左右畫圈，形成大理石圖案。

❽ 烤箱先預熱，鐵盤內裝冰水，再將烤模放入，以上火200℃、下火0℃烘烤35分
　　鐘，表面著色後關火燜25分鐘，出爐後不可重敲，降溫後放入冰箱冷藏4小時
　　以上方可脫模。

❾ **表面裝飾：**表面放上巧克力、草莓、白醋粟、開心果裝飾即可。

大理石乳酪塔

材　料

可麗餅
✦ 低筋麵粉75克 ✦ 海藻糖30克 ✦ 鹽少許 ✦ 雞蛋1個 ✦ 香草精1滴 ✦ 牛奶250克 ✦ 發酵奶油15克

格司奶油餡
✦ 牛奶100克 ✦ 格司粉37克 ✦ 長春鮮奶油100克

蛋白脆餅
✦ 發酵奶油50克 ✦ 糖粉50克 ✦ 蛋白50克 ✦ 低筋麵粉50克

裝飾
✦ 各種新鮮水果各少許

做　法

❶ **可麗餅**：發酵奶油隔水加熱融化，再將其餘所有材料一起加入拌勻，成為均勻的麵糊。

❷ 取適量麵糊倒入平底鍋，搖晃鍋子儘量將麵糊攤平，煎至焦黃即可。

❸ **格司奶油餡**：將牛奶及格司粉一起拌勻。

❹ 用攪拌機將長春鮮奶油打發，再加入已拌勻的牛奶及格司粉一起拌勻。

❺ **蛋白脆餅**：發酵奶油隔水加熱融化，與所有材料一起拌勻。

❻ 將麵糊平均塗抹在矽膠布上，烤箱先預熱，以上火180℃、下火100℃烘烤8分鐘。

❼ 出爐時趁熱將餅皮壓至透明水杯上，冷卻後即可定型。

❽ **組合**：蛋白脆餅中裝入格司奶油餡，表面放一些新鮮水果。

❾ 可麗餅抹格司奶油餡，取7片排列在盤子上，中間放上蛋白脆餅即可。

紅櫻桃乳酪塔

材　料

塔皮

✦ 糖粉120克 ✦ 發酵奶油240克 ✦ 雞蛋1個 ✦ 香草精2滴 ✦ 即溶咖啡粉5克
✦ 低筋麵粉100~150克

乳酪餡

✦ 奶油乳酪330克 ✦ 海藻糖50克 ✦ 雞蛋2個 ✦ 紅櫻桃派餡醬100克 ✦ 黑櫻桃150克

表面裝飾

✦ 鏡面果膠、黑櫻桃、巧克力飾品、洋梨、草莓、開心果各少許

做　法

❶ **塔皮**：將糖粉、發酵奶油、雞蛋、香草精一起放在容器中拌勻。

❷ 將即溶咖啡粉、低筋麵粉一起過篩，加入做法❶中拌勻。

❸ 取200公克派皮擀圓擀平，平鋪於7吋派盤，派皮表面需用叉子扎些小洞，預
防烤焙時膨脹，將派皮放入已預熱的烤箱，上火180℃、下火180℃烘烤15分
鐘，派皮烤至半熟備用。

❹ **乳酪餡**：將奶油乳酪、海藻糖、雞蛋、紅櫻桃派餡一起放在容器中拌勻。

❺ **組合**：將乳酪餡加入派皮中抹平，再將黑櫻桃平均擺放在乳酪餡中，烤箱先
預熱，以上火160℃、下火160℃烘烤35分鐘，出爐冷卻後即可脫模。

❻ **表面裝飾**：先抹上鏡面果膠，再將黑櫻桃、巧克力飾品、洋梨、草莓放在乳
酪塔上裝飾，再灑上切碎的開心果即可。

何金源

現任
臺灣觀光學院廚藝系助理教授級專業技術教師

專長
中式米麵食

專業經歷
青青餐廳點心主廚
台北福華大飯店點心主廚
寧波天福樓餐廳點心主廚
上海大慶園餐廳點心手
江浙好公道點心世界點心二手
江浙三六九點心世界點心助手
浙寧松鶴樓菜館點心助手
江浙聚興園菜館學徒

專業證照
中式麵食加工水調和麵類、發麵類丙級證照
中餐烹調乙級證照

競賽獎項
1985年中華美食展創意點心比賽銀牌獎
2004年中華美食展國際組中餐烹調銅牌獎

著作
《包子越來越好吃》、《行家推薦餡餅配方》、《皮薄肉鮮小籠包》、《健康養生中式點心》、《上海點心》

所謂創意可說把原有的東西加入新元素，做出和原有的不一樣的東西，或者是經驗累積，創造出新東西，例如水餃的餃子皮，原始只有麵粉本身的顏色，隨著時代演進，加入了各種天然顏色，讓人看了眼睛一亮，食慾也大開，饅頭、包子的皮，也是一樣，原本只是單一顏色，經過師傅們的巧思，加進了各種天然有色食材，變出了五彩繽紛的色彩，而且這些食材因都是很普遍，很容易取得。

　　至於餡料，也是累積多年的經驗，再經過巧思，也可以是千變萬化。真可說「師傅引進門，修行在個人」只看你有沒有心而已。

　　我們不應為工作而工作，應享受工作於生活當中，這樣工作才不會乏味，也就隨時隨地注意周遭任何的人、事、物的演進，有可能不起眼的小東西，經過您的思維，變成很驚艷的東西出來。

　　做任何東西，只要抓住重點和原則，加上自己不斷的演練，真的是可以變化無窮。古人說窮則變，變則通，裡面窮字字意不是貧窮，應是單一而沒有變化，窮則變的變的字義因含有推翻意義，如何推翻得靠自己不斷演練及思維，這樣必能通達於目標。這和心經裡說「行深般若波羅密多時照見五蘊皆空」同一涵義，有了理想目標，則必須堅持到底，最後成功必屬於你。也就是所謂「擇善固執」。

　　至於什麼是製作點心的重要原則呢？製作點心離不開米（粉）麵及餡料的調製。而任何的調製過程也離不開水、鹽、糖、油。只要抓住大原則，製做任何點心將是無往不利的，才能勝任愉快，製做出來的任何點心，都是可口的。

　　隨著時代的演進，同一樣產品，早期都是重口味的，而現代為了健康概念，所加的，鹽、糖、油也便較輕淡，例如豆沙餡的製做，早期的比例是豆：糖：油是1：1：1，現在的比例變為1：0.8：0.6，但是早期的豆餡比例所作出的產品不易變質腐壞，而現代的豆餡比例較易變質腐壞，廠商為了延長產品的壽命，裡面加了不該有的東西，各有利弊。就像葉菜外觀不美，有蟲啃過的越是上品。

　　一般人覺得好吃、順口的點心（指甜點，包含中式及西式甜點）它的含油量是超標的，越好吃的甜點，為了您的健康，越少吃就對了。所以好吃的點心不要太大口吃，應淡嚐為止。

　　為了普世人類的健康，每一位廚師或食品製造者應有一把尺，才能進入無緣大慈同體大悲的世界。

養生酒釀湯圓

材 料

✦糯米粉1000公克 ✦芝麻餡900公克 ✦全蛋2個 ✦酒釀100公克 ✦橘子瓣（罐頭）1/4罐（100公克）✦糖450公克 ✦太白粉50公克 ✦綠茶粉4公克 ✦竹碳粉4公克 ✦紅趜醬50公克 ✦南瓜泥140公克

做 法

❶ 芝麻餡需先分別搓成小粒，每粒約12公克，並放冷凍櫃（室）中冰硬。

❷ 取約75g糯米粉加冷水約60CC搓成糯米糰，均分為5等分，放入滾水中煮熟，成為熟糯米糰。

❸ 將剩餘糯米粉均分為5等分，分別加入1份熟糯米糰。其中4份分別加入綠茶粉、竹碳粉、紅趜醬、南瓜泥。

❹ 加入綠茶粉、竹碳粉的糯米粉及未加東西的糯米粉分別加入130~145CC的水搓揉均勻成糰；加入紅趜醬的糯米粉加入90~100CC的水搓揉均勻成糰；加入南瓜泥的糯米粉視南瓜泥含水量酌量加水搓揉均勻成糰。即成為五種不同顏色的糯米糰。

❺ 將五色糯米糰分切成每粒22-25公克的小糯米糰，然後包入芝麻餡，即成為五種不同顏色的湯圓。

❻ 將糖加5000CC水煮溶後加橘子瓣（需切小塊）、酒釀及太白粉水（太白粉加等量的水），水滾後再將雞蛋打散加入，待蛋花浮起即可熄火。

❼ 另煮半鍋水，水開後放入生湯圓（一次放約15粒），用中火煮，剛放下時必須用湯匙攪動，以防沾粘，待湯圓浮起並膨脹時，即可撈進已煮好的湯裡。

材　料

外皮材料
✦ 中筋麵粉900公克 ✦ 白糖90公克 ✦ 酵母粉2公克 ✦ 泡打粉2大匙

內餡材料
✦ 梅干菜200公克 ✦ 五花肉1200公克 ✦ 蒜仁（切碎）16公克

調味料
✦ 冰糖30公克 ✦ 味精5公克 ✦ 米酒60公克　香油 15公克 ✦ 醬油90公克
✦ 素蠔油50公克 ✦ 太白粉45公克 ✦ 沙拉油30公克 ✦ 鹽5公克

做　法

❶ 五花肉洗淨切條（0.5公分寬）或用絞肉機絞成較粗粒的絞肉。

❷ 梅干菜洗淨（洗至沒沙），切成1~1.5公分長的小段。

❸ 鍋熱下沙拉油，將蒜仁爆香，然後倒入五花肉及醬油拌炒，再放入梅干菜及
冰糖、米酒拌炒，再加水1000CC及鹽、味精，用小火熬煮約1小時，水快收
乾時加入香油、素蠔油，用太白粉水勾芡後放涼備用，即成內餡。

❹ 中筋麵粉、白糖、酵母粉、泡打粉混勻過篩，加水500CC搓揉成糰，至光滑
細緻、不黏手的狀態，醒置10~15分鐘。

❺ 將麵糰搓揉後分切成小粒，每粒約50公克，將切割面朝上壓扁，擀成直徑約
10公分（中間稍厚）的圓形餅皮，填入內餡約30公克，包成包子狀。

❻ 將包子放入蒸籠內（包子下方需鋪防沾蠟紙），醒發15~30分鐘。

❼ 用大火蒸12~15分鐘即可。

梅干菜扣肉包

金桔酥（心型）

材 料

✦ 低筋麵粉300公克 ✦ 無水奶油75公克 ✦ 安佳奶油75公克 ✦ 糖粉70公克
✦ 奶粉16公克 ✦ 蛋1粒（50公克左右）✦ 發粉3公克 ✦ 金桔餡450公克

做 法

❶ 低筋麵粉、糖粉、奶粉及發粉混勻過篩，再加奶油（先退冰軟化或稍加溫溶
　解）及蛋液，按壓成糰，醒置30分鐘，然後將其分成22小粒（模型較小則分
　成26粒），每粒約25~28公克。

❷ 金桔餡也分成22等分，每粒約20公克。

❸ 將麵糰放在手掌上壓扁，放入金桔餡包好，搓成水滴型或橢圓形，再醒置
　5~10分鐘。

❹ 模型先放在烤盤上，再把包好餡的麵糰放入模型內壓實（尤其角落）。

❺ 烤箱預熱後，以上火170℃、下火140~150℃先烤10分鐘，轉向翻面，上火調
　190℃，再烤12~15分鐘，見表面上色即可出爐。

材　料
✦ 蓬萊米150公克 ✦ 高湯1200公克 ✦ 鮮蝦仁100公克 ✦ 花枝120公克 ✦ 蛤蠣12粒
✦ 薑絲10公克 ✦ 芹菜20公克

調味料
✦ 鹽8克 ✦ 味精5克 ✦ 米酒10克 ✦ 香油數滴

做　法
❶ 蓬萊米洗淨加高湯煮開後用小火熬煮25分鐘。
❷ 蛤蠣沖淡鹽水吐沙（約1小時）。
❸ 鮮蝦仁及花枝去筋膜洗淨，用滾水略汆燙備用。
❹ 芹菜洗淨切末備用。
❺ 粥煮至20分鐘時加入鮮蝦仁、花枝、蛤蠣、薑絲，起鍋前加入調味料，再灑
　上芹菜末即可。

說明：1.大骨高湯做法如下：準備豬大骨1/2付，先將骨頭敲斷汆燙，再放入另
　　　　一鍋水煮開後小火熬煮2小時，將骨頭取出並過濾掉雜質即可，可在完
　　　　成前約10分鐘放入少許醋，將使鈣質更易釋出。
　　　2.亦可以高湯塊加水取代大骨高湯。

海鮮粥

淨素蒸餃

材 料

外皮材料

✦ 中筋麵粉600公克 ✦ 綠茶粉2小匙

內餡材料

✦ 青江菜900公克 ✦ 紅蘿蔔100公克 ✦ 馬蹄肉（荸薺）100公克 ✦ 素火腿100公克
✦ 細冬粉2把 ✦ 日本山藥160公克 ✦ 蒟蒻塊100公克 ✦ 五香豆腐干100公克
✦ 泡濕香菇200公克（乾香菇約35公克）

調味料

✦ 素蠔油3大匙 ✦ 醬油膏3大匙 ✦ 香菇精2小匙 ✦ 糖1.5大匙 ✦ 胡椒粉2小匙
✦ 香油1.5大匙 ✦ 薑末1小匙 ✦ 香菜末1小匙 ✦ 五香粉1小匙
✦ 沙拉油4小匙（炸過香菇、豆干的油）

做 法

❶ 青江菜、紅蘿蔔、馬蹄肉、蒟蒻塊分別汆燙過，青江菜切碎擠乾水份，馬蹄肉
拍碎後切丁，紅蘿蔔、蒟蒻塊、素火腿、日本山藥切丁備用。

❷ 香菇擠乾水份，五香豆腐干（一開五）切片，入油鍋中炸酥後放涼切碎備用。

❸ 細冬粉用熱水泡軟後切碎（勿泡冷水）。

❹ 將所有內餡材料加在一起，再加入調味料拌勻，放入冰箱冷藏備用。

❺ 中筋麵粉加綠茶粉過篩，加開水350CC略加攪拌，再加入冷水70CC，搓揉成
麵糰，醒置3~5分鐘，再加以搓揉，再醒置3~5分鐘，如此重複三次。

❻ 將麵糰搓成長條狀，分割成小粒，每個約11公克，將切割面朝上壓扁，擀成直
徑約10公分（中間稍厚）的圓形餅皮，填入內餡約15~18公克，包成葉脈狀的
蒸餃。

❼ 將蒸餃放入蒸籠內（蒸餃下方需鋪防沾蠟紙），用大火蒸8~10分鐘即可。

材料

✦ 低筋麵粉600公克 ✦ 中筋麵粉75公克 ✦ 奶粉75公克 泡打粉40公克
✦ 香草粉2小匙 ✦ 紅麴醬150公克 ✦ 奶油（或乳瑪琳）150公克 ✦ 三花奶水400CC
✦ 全蛋12粒 ✦ 糖525公克 ✦ 芝士粉75公克 ✦ 蜜核桃187公克

做法

❶ 低筋麵粉、中筋麵粉、奶粉、泡打粉、 香草粉、芝士粉混合過篩。

❷ 奶油先放在室溫中軟化。

❸ 全蛋加糖用打蛋器打發，直到用手指勾起不掉的狀態，再加入紅麴醬拌勻。

❹ 將麵粉等粉料慢慢加入蛋糊中拌勻，再加入三花奶水及奶油拌勻。

❺ 在模具上鋪上防沾蠟紙，將麵糊倒入模具中，在表面撒上切碎的蜜核桃。

❻ 用大火蒸35分鐘即可（用筷子插入後取出不沾黏即表示已蒸熟）。

說明：芝士粉（即乳酪粉）過篩時會留有粗粒在篩網上，可倒入糖及蛋中一起攪拌。

養生馬來糕

香椿抓餅

材料

✦ 中筋麵粉1200公克 ✦ 香椿醬150公克 ✦ 鹽3公克 ✦ 糖60公克 ✦ 沙拉油6大匙
✦ 小蘇打粉1/8小匙

做 法

❶ 小蘇打粉放入冷水175CC中拌勻。

❷ 中筋麵粉加糖混合均勻，再加入熱水700CC略加攪拌，再加入小蘇打水，搓揉成麵糰，醒置3~5分鐘，再加以搓揉，再醒置3~5分鐘，如此重複三次。

❸ 將麵糰搓成長條狀，分割成小塊，每塊約100公克，外皮先抹油，壓扁醒置5~10分鐘。

❹ 每片擀成長方形，塗上沙拉油，抹上少許香椿醬，再灑少許鹽，四摺疊起，上面再刷油，醒置5~10分鐘，捲成圓形，略加壓扁再醒置5~10分鐘。

❺ 將每個小麵糰擀薄，成為直徑約15公分圓形。

❻ 平底鍋加熱放入沙拉油，轉小火，將麵餅放入煎至兩面熟，並用鏟匙拍鬆即可。

說明：小蘇打粉不可過量，過量會苦，它的作用是麵餅會較鬆軟。

材料

外皮材料
✦ 中筋麵粉350公克 ✦ 糖20公克

內餡材料
✦ 五花絞肉800公克 ✦ 馬蹄（荸薺）100公克 ✦ 洋蔥60公克

裝飾
✦ 全蛋2粒 ✦ 洋火腿100公克

調味料

✦ 鹽8克 ✦ 味精8克 ✦ 醬油2大匙 ✦ 糖6克 ✦ 胡椒粉2茶匙 ✦ 香油1大匙 ✦ 太白粉30克
✦ 酒1大匙 ✦ 薑末10克

做法

❶ 馬蹄（荸薺）汆燙漂涼切碎，洋蔥切細丁，洋火腿切細丁，全蛋蒸或煮熟，將
　蛋黃及蛋白分別切碎備用。

❷ 五花絞肉加入馬蹄及調味料拌勻，再加水約120~150g拌勻，然後加入洋蔥丁，
　拌勻後放入冰箱冷藏。

❸ 中筋麵粉加糖混合均勻，再加入熱水210CC略加攪拌，再加入冷水50CC，搓
　揉成麵糰，醒置2~3分鐘，再加以搓揉，再醒置2~3分鐘，如此重複三次。

❹ 將麵糰搓成長條狀，分割成小粒，每個約12公克，將切割面朝上壓扁，擀成直
　徑約12公分（中間稍厚）的圓形餅皮。

❺ 每片外皮填入餡料約20~24公克，抓攏邊緣用餡匙摺壓成花邊，成為燒賣形
　狀。

❻ 將燒賣放入蒸籠內（燒賣下方需鋪防沾蠟紙），在燒賣上分別撒上洋火腿丁、
　蛋白碎及蛋黃碎，用大火蒸15~18分鐘即可。

燒賣

油蔥粿

材料

✦ 再來米粉300公克 ✦ 蓬來米粉100公克 ✦ 細地瓜粉（或太白粉）50公克
✦ 味精12公克 ✦ 鹽12公克 ✦ 油蔥酥25公克

做法

1. 將再來米粉、蓬來米粉、細地瓜粉、味精、鹽加450CC的水調成漿，再沖入1000CC的熱水（或將三種粉加1450CC水調均後小火加熱，此種方法粉漿稍稠，但需注意不可凝結起來）。
2. 先燒半鍋開水，蒸具底部鋪玻璃紙，先舀一大瓢（約250克）入蒸具，撒上少許油蔥酥，大火蒸4分鐘，掀蓋再添一大瓢粉漿及少許油蔥酥，再蒸4分鐘，重複此步驟直至全部粉漿舀完，再蒸25分即可。

說明：以上作法油蔥粿有層次感，如不需層次可像做蘿蔔糕一樣，粉漿調成凝稠狀，倒入蒸具，撒上油蔥酥，大火蒸35分鐘即可。

材　料

外皮材料
✦ 中筋麵粉300公克 ✦ 白糖2小匙

內餡材料
✦ 五花絞肉800公克 ✦ 全蛋1粒 ✦ 豬皮凍550公克

調味料

✦ 鹽8克 ✦ 味精8克 ✦ 醬油2大匙 ✦ 糖6克 ✦ 胡椒粉8克 ✦ 香油1大匙 ✦ 太白粉20克 ✦ 酒10克 ✦ 蔥10克 ✦ 薑10克

做　法

❶ 五花絞肉加全蛋及調味料拌勻後，再加入切碎的豬皮凍拌勻，放入冰箱冷藏備用。

❷ 中筋麵粉加白糖及水160CC，搓揉成麵糰，醒置5分鐘，再加以搓揉，再醒置5分鐘，如此重複三次。

❸ 將麵糰搓揉後分切成小粒，每粒約6~8公克，將切割面朝上壓扁，擀成直徑約7公分（中間稍厚）的圓形餅皮，填入內餡約18公克，包成包子狀。

❹ 將小籠包放入蒸籠內（小籠包下方需鋪防沾蠟紙），用大火蒸5~7分鐘即可。

說明：

皮凍豬材料：豬皮3000公克、雞腳1500公克、扁尖筍200公克、蔥100公克、薑100公克、水15000CC、酒150公克

做法：豬皮切小塊與雞腳分別汆燙過，將所有材料放入鍋中小火熬煮2小時。瀝出湯汁放入冰箱冷藏凝固備用。

正宗小籠湯包

養生蔬食創意盒餐比賽

99年度臺灣觀光學院「養生蔬食創意盒餐比賽」的活動目的在於:

1.突顯地方產業特色及國民健康飲食文化。
2.鼓勵學生,提高學習意願並能學予致用。
3.研發地方蔬食盒餐,帶動餐飲、觀光、休閒、旅遊業發展。

盒餐內容應將「健康蔬食、健康惜福」的概念納入,以生鮮蔬食為主,不得採用加工產品,以低油、低糖、低鹽、高纖、高鈣為烹飪原則,「衛生、適量、均衡」、「以味為核心、以養為目的」為首要,以提昇國人飲食生活品質,促進健康。

第一名 福爾摩沙 FORMOSA

第二名 OPEN小將

第三名 聖誕熊對味

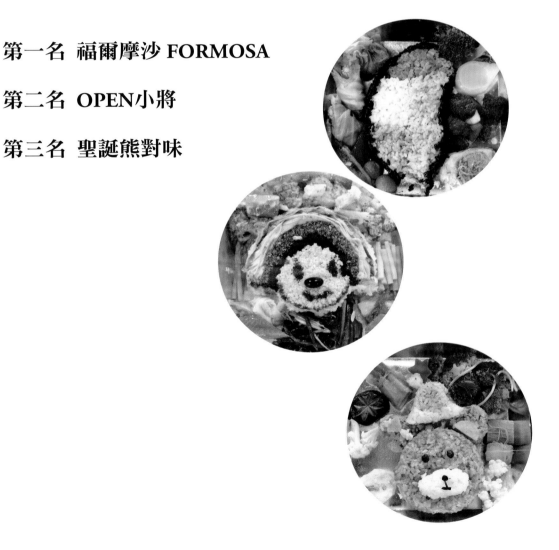

謝銘哲、陳冠廷、張瑞麟

黃金福袋（左上）

材　料：千張 1張、黃地瓜20克、鮮香菇2/1朵、蘆筍1根
調味料：糖3克、鹽3克、雞粉少許

做　法

❶ 地瓜用滾水煮至軟化熟成，過篩後搗成泥加入糖備用。

❷ 鮮香菇切小丁、蘆筍切小丁之後下鍋拌炒，加入鹽、雞粉即可。

❸ 做法❶加入做法❷中攪拌均勻後捏成圓球。

❹ 千張攤平，包入捏好的地瓜圓球，捏成福袋，置烤箱以180度烤10分鐘至表皮酥脆即可。

時蔬高麗卷（左中）

材　料：高麗菜葉1片、蘆筍1根、紫山藥5克、白山藥5克、紅蘿蔔5克、玉米筍1根
調味料：鹽5克、糖5克、胡椒少許

做　法

❶ 高麗菜葉燙熟，紫山藥、白山藥、紅蘿蔔切成長條狀，燙熟備用。

❷ 高麗菜攤平，依序擺入燙熟的紫山藥、白山藥、紅蘿蔔，捲起來成長條狀。

❸ 放入蒸鍋大火蒸約兩分鐘即可。

❹ 起鍋斜切，淋上琉璃芡（鹽、糖、胡椒、水煮滾）即可。

田園烤蔬菜（左下）

材　料：紅甜椒15克、黃甜椒15克、小玉筍10克、鮑魚菇10克、紅蘿蔔15克
調味料：鹽少許、胡椒少許、沙拉油10克

做　法

❶ 將紅、黃甜椒切三角片，鮑魚菇切片，紅蘿蔔挖球狀。

❷ 將所有材料加入鹽、胡椒、沙拉油拌勻，入烤箱以180度烤10分鐘即可。

白玉蒸蛋（右上）

材　料：白蘿蔔30克、蛋1顆
調味料：鹽少許

做　法

❶ 白蘿蔔用模型壓成水滴型，中間用挖球器挖空，放入沸騰的鹽水（鹽20g）中燙熟備用。

❷ 蛋打散加入少許鹽，倒入蘿蔔中間，入鍋中蒸熟即可。

烤麩美人腿（右中）

材　料：烤麩20克、筊白筍10克、紅蘿蔔10克
調味料：香菇素蠔油20克、糖10克

做　法

❶ 將烤麩水份擠乾，切小塊酥炸至金黃。

❷ 筊白筍、紅蘿蔔小塊汆燙熟透。

❸ 將烤麩、紅蘿蔔、筊白筍放入鍋中，倒入素蠔油與糖紅燒上色即可。

紅麴螞蟻上樹（右下）

材　料： 冬粉15克、板豆腐20克、紅蘿蔔5克、蘆筍5克

調味料： 鹽巴少許、紅麴醬10克

做　法

❶ 將冬粉燙熟後切碎，紅蘿蔔、蘆筍切碎。

❷ 板豆腐切小塊，入鍋中炸至金黃，再將豆腐中間挖空。

❸ 將冬粉、紅蘿蔔、蘆筍放入鍋中拌炒，加入紅麴醬、鹽巴調味，最後放置於豆腐上即可。

福爾摩沙（飯）

材　料： 白米10克、紫米30克、鬱金香粉5克、菠菜10克、紅麴醬10克

調味料： 鹽巴少許

做　法

❶ 將白米與紫米蒸熟，蒸熟後紫米備用。菠菜榨汁備用。

❷ 將白飯加少許鹽拌勻，分成四份，其中三份分別加入鬱金香粉、紅麴醬與菠菜汁。

❸ 最後分別將四份米飯捏成台灣形狀，最後以紫米圍邊即可。

梅子飯（10份便當）

材　料

紫蘇梅10顆、白米10杯、紫蘇汁1 杯半、水8 杯半

做　法

❶ 將白米洗淨，將紫蘇梅汁和水調勻，倒入洗好的白米中，放入電鍋蒸熟。

❷ 將煮好的飯分成10份，每份包入一顆梅子備用。

小米飯

材　料

小米2杯

做　法

小米泡水30分鐘，蒸30分鐘蒸熟備用。

奶汁燉花椰菜

材　料

奶油80克、洋蔥1顆、麵粉80克、花椰菜3朵、鮮奶500克、紅蘿蔔1條、
水3杯、鹽2小匙

做　法

❶ 洋蔥切丁，花椰菜洗淨備用，紅蘿蔔切塊備用。

❷ 熱鍋加入奶油，放入洋蔥炒香，加入麵粉拌勻。

❸ 再加入牛奶、水、鹽、紅蘿蔔，煮開後加入花椰菜，煮至熟入味即可。

涼拌珊瑚草

材　料

珊瑚草200克、蒜頭20克、蒜苗20克、鹽3小匙、辣椒20克、香油3大匙

做　法

❶ 珊瑚草洗淨燙30秒，濾去水份。

❷ 加入蒜苗、辣椒、蒜頭、鹽、香油拌勻即可。

炒高麗菜

材　料

高麗菜半顆、蒜頭3顆、紅蘿蔔半條、辣椒1條、鹽1 1/2大匙

做　法

❶ 高麗菜洗淨備用，紅蘿蔔切片備用。

❷ 熱鍋後放辣椒、蒜頭爆香，放入高麗菜、紅蘿蔔、鹽拌炒，炒熟即可。

清炒韭菜花

材　料

韭菜花40克、鹽少許

做　法

❶ 韭菜花洗淨，切段備用。

❷ 熱鍋後放入韭菜花、鹽炒熟即可。

組合

❶ 將白飯排出「OPEN小將」的輪廓，再利用海苔粉、匈牙利紅椒粉跟蛋絲裝飾出「OPEN小將」
   的頭髮，用小米飯、黑豆、芝麻裝飾臉部，配菜擺至周圍即可。

聖誕熊對味

黃凱群、許嘉佩、王偉丞

材　料

紅麴醬少許、紫山藥40克、馬鈴薯30克、義大利麵條3條、甜椒50克、蛋黃50克、海苔少許、芹菜1株、紅蘿蔔1片、青花菜1/2把、米半斤、白花菜少許、白蘿蔔20克、越南粉皮1片、蒜苗20克、香菜20克、洋蔥15克、香菇1朵

調味料

白胡椒粒少許、黑胡椒粒少許、鹽少許、醬油少許、蠔油少許

做　法

1. 先將米洗淨，以米：水的比例1：0.9的量，大火蒸30分鐘、燜5~10分鐘，煮好後取出放涼。
2. 紅蘿蔔壓六芒星的星形，當作聖誕樹上的大星星；甜椒雕刻成星星的型狀，作為聖誕樹上的裝飾物，並且汆燙調味備用。
3. 紫山藥、白蘿蔔切成大丁狀，紫山藥過水調味，綁上芹菜條裝飾成禮物盒狀；白蘿蔔用紅麴染色綁上芹菜條裝飾成禮物盒狀。
4. 汆燙青花菜、白花菜，將燙好的青花菜排列成聖誕樹狀。
5. 馬鈴薯煮熟後打成泥狀，加入洋蔥碎後調味，再整型為雪人；將黑白胡椒粒略炒後當做雪人的眼睛和鈕釦；紅蘿蔔切絲汆燙調味當作雪人的圍巾。
6. 將2/3米飯炒醬油調色作為熊的本體以及耳朵，取一些白飯作為嘴巴部分，剪海苔作為眼睛和嘴巴，煎蛋黃作為耳朵。
7. 將1/3白飯炒紅麴當作聖誕帽。
8. 義大利麵水煮後，炒紅麴染色纏繞聖誕樹當裝飾物。
9. 紫山藥、紅蘿蔔、白蘿蔔切條汆燙，加入蒜苗切細絲、香菜切碎，加入基本調味料，拌勻入味。
10. 取出越南河粉泡水，包入做法❽，綁上芹菜條，大火蒸籠約30秒即可。
11. 香菇切花，加少許蠔油膏烹調備用。
12. 將所有的材料組合即可。

食譜新煮張

主　　編／李銘輝

策　　劃／廖天國

作　　者／臺灣觀光學院廚藝管理系

出 版 者／揚智文化事業股份有限公司

發 行 人／葉忠賢

總 編 輯／閻富萍

地　　址／新北市深坑區北深路三段 258 號 8 樓

電　　話／(02)8662-6826

傳　　真／(02)2664-7633

網　　址／http://www.ycrc.com.tw

E-mail ／service@ycrc.com.tw

ISBN ／978-957-818-993-5

初版一刷／2011 年 3 月

初版三刷／2020 年 2 月

定　　價／新台幣 300 元

國家圖書館出版品預行編目資料

食譜新煮張 / 臺灣觀光學院廚藝管理系著. --
初版. --新北市：揚智文化, 2011.03
　　面；　公分.

ISBN 978-957-818-993-5（平裝）

1.食譜 2.烹飪

427.1　　　　　　　　　　　　100003246